세계 명작 속에 숨어 있는 과학 II

세계 명작 속에 숨어 있는 과학 II

초판 1쇄 인쇄 | 2006년 3월 20일
초판 1쇄 발행 | 2006년 3월 25일

지은이 | 최원석
펴낸이 | 심만수
펴낸곳 | (주)살림출판사
출판등록 | 1989년 11월 1일 제9-210호

주소 | 413-756 경기도 파주시 교하읍 문발리 파주출판도시 522-2
전화 | 영업 031)955-1350  기획·편집 031)955-1368
팩스 | 031)955-1355
e-mail | salleem@chol.com
홈페이지 | http://www.sallimbooks.com

ISBN  세트 89-522-0478-6 04400
          89-522-0480-8 04400

값 9,800원

세계 명작 속에 숨어 있는
## 과학 II

글 **최원석**
그림 **권기수**

**살림**

# '신바람 나는 과학 교과서 만들기' 프로젝트,
# 그 세 번째 책을 출간하며

　　학교에서 학생들을 가르친 지 올해로 꼭 10년이 되었습니다. 10년 동안 학생들을 가르치고 이야기를 나누면서 느낀 것은 학생들이 과학을 참으로 어렵고 멀게 생각한다는 것이었습니다. 초등학교 다니는 학생들의 장래 희망에는 과학자가 많지만 이러한 꿈은 중학교에서 고등학교로 올라갈수록 급격하게 줄어듭니다. 대부분의 고등학교에서는 인문반보다 자연반의 학생 수가 적습니다. 우수한 고등학생들은 기초학문을 육성하는 이공계 진학을 기피하고, 취업에 유리한 학과로 몰리고 있습니다. 이것이 과학 강국, IT 코리아를 부르짖는 대한민국의 현주소입니다.

　　얼마 전 한 경찰관이 대통령에게 책을 보냈다고 하여 화제가 되었던 적이 있습니다. 저는 그 책을 읽어 보지는 못했지만 감동적이라는 후기가 있는 것으로 봐서 좋은 내용이 담긴 책인 듯합니다. 하지만 과학을 가르치는 저의 눈에는 한 가지 아쉬움이 남았습니다. 바로 책의 표지에 적혀 있는 'H$_2$O(산소)'라는 표기 때문입니다. H$_2$O는 산소가 아니라 물이죠. 이건 중학교 과학책에 나오는 내용입니다. 물론 그 책이 과학책이 아니라 개인의 생각을 쓴 에세이이기 때문에 이것이 그리 중요하지 않게 여겨질 수 있습니다. 하지만 본문도 아닌 표지에 이러한 오류가 있었는데도 많은 사람의 손을 거치는 동안에 오류를 찾아낼 수 있는 과학적 소양을 지닌 사람이 아무도 없었던 것이 안타까울 따름입니다.

간혹 방송에서 연예인들이 초등학교나 중학교에서 배운 과학지식인데도 자신이 모르는 것에 대해 별로 부끄러워하지 않는 장면을 볼 때가 있습니다. 또한 방청객들은 출연자들이 사소한 과학적 지식을 이야기해도 매우 놀라워합니다. 오래전에 배운 것을 모두 기억해야 하는 것은 아니지만 이러한 반응의 배경에는 '과학은 난해한 학문이다.' 라는 생각이 깔려 있는 것입니다.

이렇게 과학이 어려운 학문이 되어 버린 데는 따분하기 그지없는 교과서와 학교가 큰 역할을 했다고 할 수 있을 것입니다. 교과서에 만화도 많이 집어넣고 일상생활에서 쉽게 접할 수 있는 상황을 설정해 학생들의 흥미를 유발할 수 있게 했다고 하지만 과학 교과서는 아직도 학생들의 욕구를 충족시키기에는 턱없이 부족해 보입니다.

예전에 필자가 학생들이 흥미 있어 하는 소스들을 찾아내 실제 수업에 도입한 것이 '영화를 이용한 과학 수업'이었습니다. 이에 대한 학생들과 주변의 반응은 매우 뜨거웠고, 이 열기를 담아 책을 내기도 했습니다. 첫 번째 책의 호응에 힘입어 두 번째로는 게임 속 과학 찾기를 시도했고, 이 책

『세계명작 속에 숨어 있는 과학』이 세 번째 시도가 되었습니다.

살림출판사에서 집필 제의를 받고 연구를 시작할 때만 해도 이렇게 많은 내용이 있으리라고는 생각하지 못했습니다. 하지만 원고를 작성하기 위해 한동안 잊고 살았던 세계 명작 동화를 다시 읽어 보니 그때와는 또 다른 느낌을 가질 수 있었습니다. 또한 이야기의 배경에 대해 조사하면서 새로운 사실도 많이 알게 되었습니다.

그림형제의『그림동화』는 그들의 창작이 아니라 구전된 이야기들을 모아 놓은 채록 문학이며 아동을 대상으로 한 동화도 아니었습니다. 따라서 잔인한 장면이 들어 있다고 해도 그리 놀랄 일은 아닌 것입니다. 안데르센은 매우 불우한 환경에서 자랐으며, 여러 번의 사랑에 실패한 상처 받은 자신을 위로하기 위해 동화를 썼습니다.『인어공주』는 자신의 아픈 사랑을 동화로 구연한 것이었지요. 페로의 동화는 처음부터 아이들에게 들려주기 위한 것이었음에도 불구하고 사람을 잡아먹는 일이 흔하게 등장하는 등 오늘날의 관점에서 보면 동화로서 매우 부적절한 내용이 많았습니다. 그런데도 오늘날에 와서 '세계 명작 동화＝아름다운 이야기'의 관계가 형성된 데에는 디즈니의 역할이 컸다고 할 수 있습니다. 우리가 기억하고 있는 동화 이미지의 상당수는 디즈니에 의한 것이며 이를 통해 동화에 대한 상당히 많은 스테레오타입이 형성되었습니다.

이번에 책을 내면서 다소 아쉬운 점은 우리의 전래 동화를 많이 넣지 못했다는 것입니다. 또한 어린 시절 항상 손에서 놓지 않았던『서유기』를 넣지 못했다는 것이 끝내 아쉬움으로 남습니다.『피노키오』와『벌거벗은 임금님』, 『피리 부는 사나이』와 같은 몇몇 이야기는 자료를 준비해 놓고도 원고를 완성하지 못했네요. 기회가 되면 이 이야기들도 정리해 볼까 합니다.

이 책을 완성하는 데 도움을 준 사람들이 있습니다. 숙지중학교의 예진희 선생님은 매번 긴 원고를 부담스럽게 생각하지 않고 꼼꼼하게 읽고 조언을 아끼지 않아주셨습니다. 예쁘고 재미있게 일러스트를 그려주신 권기수 선생님께도 감사를 드려야 할 것 같습니다. 살림출판사의 최진 씨는 적당하게 원고를 독촉해 주는 센스와 함께 날카로운 지적도 빠뜨리지 않았습니다. 살림의 다른 많은 식구들과 이미 많은 좋은 과학책을 써주신 과학저술가분들이 밥상을 차려주셨기 때문에 책을 완성할 수 있었다는 생각이 듭니다. 그 분들에게도 감사의 마음을 전합니다.

항상 느끼는 것이지만 가족의 지원이 없다면 책을 완성하기 어려웠을 것입니다. 책의 귀퉁이에 작게나마 사랑한다는 말을 전해 그 동안의 부족함을 메우고자 합니다.

2006년 봄을 기다리며
김천의 과학실에서
**최원석**

차례

릴리푸트와 브로브딩나그에는
어떤 사람들이 살고 있을까?

1726년에 출간된 『걸리버 여행기』는 모두 4편의 이야기로
구성이 되어있습니다. 1부는 소인국 '릴리푸트'의 이야기
이고, 2부는 '브로브딩나그'라는 발음하기도 힘든 대인국
의 이야기입니다. 대부분의 어린이용 동화책에서는 이 두
부분의 이야기로 걸리버 여행기를 꾸려나갑니다. 이는 우
리보다 매우 크거나 작은 사람의 이야기가 어린이들에게
쉽게 다가갈 수 있는 내용이기 때문입니다.

하지만 3부와 4부 또한 뛰어난 상상력과 함께 풍자가 넘치
는 부분으로 이야기는 상당히 흥미롭습니다. 3부에는 하늘
을 날아다니는 섬인 '라퓨타'에 대한 이야기가 나오는데,
이것은 일본 애니메이션 〈천공의 성 라퓨타〉에 모티프를
제공하기도 합니다. 마지막 4부는 말(馬)이 주인이 되고 사
람들이 마치 가축처럼 취급받는 '후이늠' 나라에 대한 이
야기가 나옵니다. 말나라에 살고 있는 사람들을 야후 족이
라고 부르는데, 인터넷 검색 엔진인 야후도 바로 여기서
따온 이름입니다.

## 도량형과 1,728의 비밀

걸리버가 처음으로 여행하게 되는 곳은 소인국 '릴리푸트'입니다. 항해 도중 폭풍을 만나 해변으로 떠내려간 걸리버는 정신을 차려보니 소인국 사람들에게 묶여 있는 자신을 발견하게 됩니다. 소인국 사람들은 15cm가 채 되지 않는 작은 키를 가지고 있었고, 사람들뿐 아니라 동물들의 크기도 작았습니다.

그런데 스위프트는 왜 소인국 사람들의 키를 15cm로 설정했을까요? 스위프트가 소인국 사람들의 키로 제시하고 있는 15cm는 걸리버와 같은 보통(?) 사람 평균 키보다 약 12배 작은 키를 의미합니다. 나중에 걸리버가 모험을 하게 되는 대인국 사람들은 걸리버보다 12배 큰 사람들입니다. 또한 소인국 왕은 12명의 수행원과 함께 다닙니다.

이와 같이 『걸리버 여행기』에 등장하는 소인국과 대인국의 축척을 보면 12배를 기준으로 하고 있습니다. 일반적으로 우리가 10진법을 사용하는 것과는 차이가 있지요. 이것은 스위프트가 살았던 영국은 12진법이 일반적이었기 때문입니다. 12진법은 고대 로마에서 생겨났습니다. 지금도 영국에서 단위로 사용되는 야드-파운드법(yard-pound system)은 12진법이 그대로 사용되고 있습니다. 1피트(ft)가 12인치(in)인 것이나 1인치가 1/36야드(yd)인 것 등이 12진법을 활용한 예입니다. 따라서 1yd=3ft=36in입니다.

야드-파운드법과 달리 오늘날 국제적으로 통용되는 미터법은 10진법을 기초로 하고 있습니다. 프랑스 대혁명 당시 프랑스는 여러 가지 단위가

## ● 도량형 환산표

### 길이

| 단위 | 센티미터 | 미터 | 인치 | 피트 | 야드 | 마일 | 자 | 간 | 정 | 리 |
|---|---|---|---|---|---|---|---|---|---|---|
| 1 cm | 1 | 0.01 | 0.3937 | 0.0328 | 0.0109 | …… | 0.033 | 0.0055 | 0.00009 | …… |
| 1 m | 100 | 1 | 39.37 | 3.2808 | 1.0936 | 0.0006 | 3.3 | 0.55 | 0.00917 | 0.00025 |
| 1 in | 2.54 | 0.0254 | 1 | 0.0833 | 0.0278 | …… | 0.0838 | 0.0140 | 0.0002 | …… |
| 1 ft | 30.48 | 0.3048 | 12 | 1 | 0.3333 | 0.00019 | 1.0058 | 0.1676 | 0.0028 | …… |
| 1 yd | 91.438 | 0.9144 | 36 | 3 | 1 | 0.0006 | 3.0175 | 0.5029 | 0.0083 | 0.0002 |
| 1 mi | 160930 | 1609.3 | 63360 | 5280 | 1760 | 1 | 5310.8 | 885.12 | 14.752 | 0.4098 |
| 1 尺 | 30.303 | 0.303 | 11.93 | 0.9942 | 0.3314 | 0.0002 | 1 | 0.1667 | 0.0028 | 0.00008 |
| 1 間 | 181.818 | 1.818 | 71.582 | 5.965 | 1.9884 | 0.0011 | 6 | 1 | 0.0167 | 0.0005 |
| 1 町 | 10909 | 109.091 | 4294.9 | 357.91 | 119.304 | 0.0678 | 360 | 60 | 1 | 0.0278 |
| 1 里 | 39272.7 | 392.727 | 154619 | 12885 | 4295 | 2.4403 | 12960 | 2160 | 36 | 1 |

### 무게

| 단위 | 그램 | 킬로그램 | 톤 | 그레인 | 온스 | 파운드 | 돈 | 근 | 관 |
|---|---|---|---|---|---|---|---|---|---|
| 1 g | 1 | 0.001 | 0.000001 | 15.432 | 0.03527 | 0.0022 | 0.26666 | 0.00166 | 0.000266 |
| 1 kg | 1000 | 1 | 0.001 | 15432 | 35.273 | 2.20459 | 266.666 | 1.6666 | 0.26666 |
| 1 t | 1000000 | 1000 | 1 | …… | 35273 | 2204.59 | 266666 | 1666.6 | 266.666 |
| 1 gr | 0.06479 | 0.00006 | …… | 1 | 0.00228 | 0.00014 | 0.01728 | 0.00108 | 0.000017 |
| 1 oz | 28.3495 | 0.02835 | 0.000028 | 437.4 | 1 | 0.0625 | 7.56 | 0.0473 | 0.00756 |
| 1 lb | 453.592 | 0.45359 | 0.00045 | 7000 | 16 | 1 | 120.96 | 0.756 | 0.12096 |
| 1 刀 | 3.75 | 0.00375 | 0.000004 | 57.872 | 0.1323 | 0.00827 | 1 | 0.00625 | 0.001 |
| 1 斤 | 600 | 0.6 | 0.0006 | 9259.556 | 21.1647 | 1.32279 | 160 | 1 | 0.16 |
| 1 貫 | 3750 | 3.75 | 0.00375 | 57872 | 132.28 | 8.2672 | 1000 | 6.25 | 1 |

부피

| 단위 | 홉 | 되 | 말 | cm³ | m³ | l | 입방인치 | 입방피트 | 입방야드 | gal(미) |
|---|---|---|---|---|---|---|---|---|---|---|
| 1 홉 | 1 | 0.1 | 0.01 | 180.39 | 0.00018 | 0.18039 | 11.0041 | 0.0066 | 0.00023 | 0.04765 |
| 1 되 | 10 | 1 | 0.1 | 1803.9 | 0.00180 | 1.8039 | 110.041 | 0.0637 | 0.00234 | 0.47656 |
| 1 말 | 100 | 10 | 1 | 18039 | 0.01803 | 18.039 | 1100.41 | 0.63707 | 0.02359 | 4.76567 |
| 1 cm³ | 0.00554 | 0.00005 | 0.00005 | 1 | 0.00001 | 0.001 | 0.06102 | 0.00003 | 0.00001 | 0.00026 |
| 1 m³ | 5543.52 | 55.4352 | 55.4352 | 1000000 | 1 | 1000 | 61027 | 35.3165 | 1.30820 | 264.186 |
| 1 l | 5.54352 | 0.05543 | 0.05543 | 1000 | 0.001 | 1 | 61.027 | 0.03531 | 0.00130 | 0.26418 |
| 1 in³ | 0.09083 | 0.00908 | 0.0091 | 16.386 | 0.00001 | 0.01638 | 1 | 0.00057 | 0.00002 | 0.00432 |
| 1 ft³ | 156.966 | 15.6666 | 1.56966 | 28316.8 | 0.02831 | 28.3169 | 1728 | 1 | 0.03703 | 7.48051 |
| 1 yd³ | 4238.09 | 423.809 | 42.3809 | 764511 | 0.76451 | 764.511 | 46656 | 27 | 1 | 201.974 |
| 1gal(미) | 20.9833 | 2.0983 | 0.20983 | 3785.43 | 0.00378 | 3.78543 | 231 | 0.16368 | 0.00495 | 1 |

넓이

| 단위 | 평방자 | 평 | 단보 | 정보 | 평방미터 | 아르 | 평방피트 | 평방야드 | 에이커 |
|---|---|---|---|---|---|---|---|---|---|
| 1평방자 | 1 | 0.02778 | 0.00009 | 0.000009 | 0.09182 | 0.00091 | 0.98841 | 0.10982 | …… |
| 1평 | 36 | 1 | 0.00333 | 0.00033 | 3.3058 | 0.03305 | 35.583 | 3.9537 | 0.00081 |
| 1단보 | 10800 | 300 | 1 | 0.1 | 991.74 | 9.9174 | 10674.9 | 1186.1 | 0.24506 |
| 1정보 | 108000 | 3000 | 10 | 1 | 9917.4 | 99.174 | 106794 | 11861 | 2.4506 |
| 1 m² | 10.90 | 0.3025 | 0.001000 | 0.0001 | 1 | 0.01 | 10.704 | 1.1950 | 0.00024 |
| 1 a | 1089 | 30.25 | 0.10083 | 0.01008 | 100 | 1 | 1076.4 | 119.58 | 0.02471 |
| 1 ft² | 1.0117 | 0.0281 | 0.00009 | 0.000009 | 0.092903 | 0.000929 | 1 | 0.1111 | 0.000022 |
| 1 yd² | 9.1055 | 0.25293 | 0.00084 | 0.00008 | 0.83613 | 0.00836 | 9 | 1 | 0.000207 |
| 1 ac | 44071.2 | 1224.2 | 4.0806 | 0.40806 | 4046.8 | 40.468 | 43560 | 4840 | 1 |

혼용되어 실생활에 많은 불편을 초래했습니다. 이를 없애기 위해 새로운 도량형을 만들었는데 그것이 바로 미터법입니다. 그 당시에 정한 1m의 정의는 '북극과 적도 사이 거리의 1/1,000만'이었습니다. 1870년 미터법국제위원회에서 백금(90%)과 이리듐(10%)의 합금으로 된 1m 길이의 막대(미터원기, meter原器)를 만들었고, 이후 세계 각국에서는 이 막대를 기준으로 사용합니다. 오늘날 1m는 '빛이 진공상태에서 1/299,792,458초 동안 진행한 경로의 길이'로 새롭게 정의해 사용하고 있습니다. 이는 원기는 온도에 따라 길이가 조금씩 달라지지만 진공에서 빛의 속력은 일정하기 때문입니다. 미터법이 국제적으로 통용되고 있지만 아직도 많은 국가에서 자국의 고유 도량형(우리의 경우 척관법)과 같이 혼용해서 사용하는 경우가 많습니다.

우리가 일반적으로 사용하는 것이 10진법이기 때문에 10진법이 가장 좋은 기수법이라고 생각하기 쉽습니다. 하지만 그건 그때그때 다릅니다. 10진법의 경우 나누어떨어지는 수가 단지 2와 5밖에 없지만, 12진법의 경우 2, 3, 4, 6 등 훨씬 많은 수로 나누어떨어집니다. 따라서 사냥감이나 토지와 같은 것을 몇 사람이 나눌 때 12진법을 편리하게 사용할 수 있습니다. 예를 들어 장작을 12개씩 한 묶음으로 분류해 놓을 경우 3명이 오거나 4명이 오거나 쉽게 나눌 수 있습니다. 또한 3명의 사냥꾼이 사슴을 사냥해서 서로 나누어 가질 때 12진법의 경우 12등분을 해서 4조각씩 가져가면 간단히 해결됩니다(물론 아예 3등분하면 쉽게 나누어 가질 수 있습니다). 물론 사슴을 10등분해 3개씩 나누고 마지막 한 개는 3조각을 내면 그만이기는 합니다. 다만 편리성을 따져볼 때 12진법이 10진법에 그리 뒤지는 기수법은 아니라는 것입니다. 아직 1다스(=12개)와 같이 일부 단위나 시간과 관련한 것에 12진법이 남아 있습니다.

12진법이 10진법과 비교해서 별로 뒤지는 것이 없는데도 10진법을 사용하는 것은 손가락이 10개이기 때문이라는 설명이 가장 설득력 있습니다. 만약 육손이가 대부분이었다면 12진법이 사용되었을지도 모를 일입니다. 스포츠에서 사용되는 경기장이나 공의 규격 등도 야드-파운드 법으로 정해져 있어 12진법과 관련된 것이 의외로 많다고 할 수 있습니다.

자, 다시 이야기로 돌아가보면 소인국에서는 걸리버에게 자신들이 먹는 음식의 1,728배를 제공합니다. 그들이 1,000배가 아니라 1,728배를 제공한 이유는 무엇일까요? 이것은 걸리버가 자신들보다 1,728배 덩치가 크기 때문에 그만큼 더 많은 음식이 필요할 것이라고 생각했기 때문입니다. 1,728배는 길이가 12배가 늘어나면 부피는 길이의 세제곱($12 \times 12 \times 12 = 1,728$)이기 때문에 나온 수치입니다. 만약 10진법을 사용했더라면 걸리버가 10배쯤 커 보였을 터이고 그랬다면 1,000배 많은 음식을 제공했을 것입니다.

## "왜 소인국은 존재하지 않을까?" 신비한 세포의 세계

영화 〈애들이 6mm로 줄었어요〉에서는 특수한 광선총에 의해 아이들의 몸이 6mm로 작아집니다. 이렇게 작아진 아이들을 통해 영화는 일상에서 보지 못했던 발 아래 작은 세계의 신비로움을 엿볼 수 있게 합니다. 세상을 세밀하게 보고자 하는 이러한 상상력을 이미 280년 전 영국의 교회 목사였던 조나단 스위프트가 해냈다는 것은 참으로 놀라운 일입니다.

『걸리버 여행기』에는 소인국도 등장하고, 대인국도 등장합니다. 만약 소인국 사람들이 존재한다면 정밀한 작업을 하는 데 도움을 받을 수도 있을 것입니다. 영화 속에 등장하는 이야기와 같이 병을 치료하기 위해 혈관 속을 돌아다닐 수 있을 만큼 작은 잠수정을 만들 수 있다면 섬세한 작업을 하는 데 유리할 것입니다. 대인국이 존재한다면 거인들의 엄청난 힘을 빌려서 건설 공사를 쉽게 할 수 있을지도 모를 일입니다. 하지만 아직 우리는 어디에서도 이러한 나라들이 존재한다는 증거를 발견하지 못했습니다. 우리가 발견하지 못한 것일까요?

이러한 세상이 존재한다면 참으로 재미있을 테지만 과학적으로 본다면 이러한 세상이 존재할 가능성은 거의 없습니다. 왜 이렇게 극소 혹은 극대의 세계가 존재하기 어려운 것일까요? 세상의 모든 물질이 분자라는 기본단위로 이루어져 있듯이 생물은 세포라는 기본단위로 이루어져 있습니다. 덩치가 큰 고래나 작은 햄스터도 모두 세포로 되어 있고, 같은 화학적인 재료로 몸을 구성하고 있습니다. 단지 차이점이라면 세포 수의 많고 적음에 있을 뿐입니다. 즉, 햄스터보다는 고래가 훨씬 더 많은 수의 세포를 가지고 있기 때문에 덩치가 큰 것입니다. 세포의 크기는 난세포(계란)와 같이 눈에 보일 만큼 큰 것이나 신경세포와 같이 1m나 되는 긴 것을 제외하면 대부분 지름이 1~100$\mu$m로 그 크기가 비슷합니다. 사람의 몸을 구성하는 세포는 대략 17$\mu$m(17/1,000mm)정도입니다.

세포내에는 세포의 기능을 하기 위한 여러 가지 소기관들이 있어야

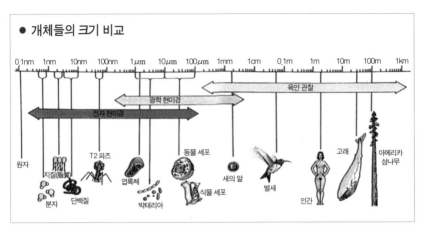

● 개체들의 크기 비교

0.1nm 1nm 10nm 100nm 1μm 10μm 100μm 1mm 1cm 0.1m 1m 10m 100m 1km

육안 관찰

광학 현미경

전자 현미경

원자 지질(脂質) T2 파즈 동물 세포 새의 알 고래 아메리카 삼나무

분자 단백질 엽록체 식물 세포 벌새 인간

박테리아

■ 인간이 육안으로 구분할 수 있는 크기는 1mm 전후부터입니다. 세포나 박테리아는 광학 현미경을 그보다 작은 단백질
이나 분자 등은 전자 현미경을 활용해야 볼 수 있습니다.

하기 때문에 무한정 작아질 수는 없습니다. 그렇다고 세포가 무턱대고 커
질 수 있는 것도 아닙니다. 세포가 무턱대고 커지게 되면 물질 교환에 문
제가 발생하기 때문입니다. 세포가 커지게 되면 부피에 비해 표면적의 비
율이 줄어들어 물질 교환이 어렵게 됩니다. 예를 들어 볼까요? 한 변의 길
이가 3mm인 정육면체 한 개와 길이가 1mm인 정육면체 27개의 부피는 같
습니다. 하지만 표면적은 54mm²와 162mm²로 세 배의 차이가 납니다. 세
포는 표면을 통해 영양분과 산소를 받아들이고, 또한 표면을 통해 노폐물
과 이산화탄소를 내보내게 됩니다. 표면적이 줄어들면 이러한 화학적인
작용에 문제가 발생하게 되기 때문에 세포들은 생물마다 조금씩 다르기는
해도 크기에 있어서는 그렇게 심한 차이를 보이지 않습니다. 생쥐와 고래
는 세포의 크기 차이가 아니라 세포 수에 차이가 있어서 크기가 다른 것입
니다.

# 걸리버는 1,728배만큼 먹지 않았다

소인국이나 대인국 사람들도 우리와 같은 세포로 구성되어 있을 것이라는 것은 분명한 사실입니다. 따라서 소인국 사람들은 우리보다 적은 수의 세포를 가지고 있을 것입니다. 세포의 수가 적다는 것은 모든 기관의 소형화를 불러올 것이고 따라서 체격이 작은 소인이 되는 것입니다. 그 신체 기관이 작다고 해서 기능이 떨어지는 것은 아니기 때문에 소인들이 살아가는 데 특별히 어려움을 겪지 않을 수 있습니다. 하지만 다른 신체기관과 달리 뇌를 구성하는 데 필요한 충분한 신경세포를 가지지 못한다는 것은 그들의 문명사회가 발달하기 어려운 조건이 될 수 있습니다.

인간이 뇌가 커지는 쪽으로 진화했다는 것은 상식이 되어 버린 지 오랩니다. 인간의 뇌가 다른 동물에 비해 비정상적으로 커진 것은 더 많은 수의 뇌세포가 인간이 살아가는 데 유리한 점으로 작용했기 때문입니다. 소인국 사람들은 우리보다 1,728배 덩치가 작기 때문에 뇌의 용량도 1,728배나 작을 것입니다. 머리 크기가 지능지수와 상관있는 것은 아니지만 이것은 어느 정도 뇌세포를 확보할 수 있는 크기일 때의 이야기입니다. 소인국 사람들과 같이 뇌가 너무 작게 되면 신경망을 형성하기 위한 충분한 수의 신경세포를 확보하기 어렵습니다. 소인국 사람들은 뇌를 구성하는 신경세포의 수가 너무 적어 지능이 턱없이 낮을 수 있다는 것입니다. 이렇게 지능이 낮아서인지 소인국의 두 나라는 달걀을 어느 쪽으로 깨서 먹는 것이 옳은 것인지를 결정하기 위해 전쟁을 불사하는 모습을 보입니다. 물론 이것도 당시의 정치 상황에 대한 스위프트의 풍자라고 할 수 있습니다.

몸집이 작아지면 부피에 대한 표면적의 비율이 높아집니다. 열이 출입하고 화학반응이 일어나는 곳은 몸의 표면입니다. 각설탕보다 가루 설탕이 훨씬 빨리 녹는 이유는 바로 표면적이 넓기 때문입니다. 두부를 자르기 전에는 표면밖에 볼 수 없지만, 작게 자르면 내부까지도 표면으로 드러나기 때문에 표면적이 증가하게 되는 것을 알 수 있습니다. 이와 같이 표면적이 증가하면 설탕이 빨리 녹고 두부가 잘 익게 되는 것입니다. 생물의 경우 표면적의 비율이 높아진다는 것은 그만큼 많은 열이 빠져 나간다는 것을 의미합니다. 많은 열이 빠져나가게 되면 체온을 유지하기 위해서 많은 음식을 먹어야 합니다. 벌새의 경우 자기 몸무게보다 더 많은 먹이가 필요해 거의 대부분의 시간을 먹이를 구하러 다녀야 하지만 코끼리는 여유롭게 시간을 즐길 수 있습니다.

따라서 소인국 사람들은 그들의 몸의 크기에 비해 상당히 많은 음식을 먹어대는 엄청난 대식가들일 것입니다. 더불어 그들이 먹는 기준으로 걸리버에게 1,728배나 되는 많은 음식을 제공할 필요는 없습니다. 소인국과 걸리버의 부피가 1,728배 차이가 나더라도 표면적의 비율은 이보다 훨씬 작기 때문입니다. 소인국 사람들은 그렇게 거대한 걸리버가

■ 같은 부피라면 가루 설탕이 각설탕보다 표면적이 훨씬 넓습니다. 표면적이 넓은 가루 설탕은 열에 훨씬 쉽게 반응하고 잘 녹습니다. 생물의 표면적은 생물체의 온도 변화에 많은 영향을 미칩니다.

생각보다 적게 먹고도 생활에 지장을 보이지 않는 것을 보고 놀랐을지도 모르겠습니다.

또한 소인국 사람들은 단지 걸리버에 비해 12배의 크기로 줄어든 모습을 하고 있지는 않을 것입니다. 몸무게가 1,728배 줄어들었기 때문에 적은 양의 근육만 가지고 있어도 충분한 힘을 낼 수 있기 때문입니다. 따라서 소인국 사람들은 곤충의 다리와 같이 날씬한 다리를 가져도 생활에 전혀 지장을 받지 않았을 것입니다. 이는 훨씬 작은 단면적으로도 그들의 몸을 지탱하고 움직일 수 있는 충분한 힘을 얻을 수 있기 때문에 곤충과 같이 통통한 몸에 가느다란 다리를 가지고도 생활이 가능했을 것입니다. 아마 그들은 파란색의 귀여운 요정인 스머프와 같은 모습을 하고 스머프처럼 날렵하게 움직일지도 모릅니다.

2004년 인도네시아 플로레스 섬에서는 키가 1m도 안 되는 성인 여성의 유골이 발견되어 사람들을 놀라게 했습니다. 이 화석은 발견된 장소의 이름을 따서 '호모 플로레시엔시스(Homo floresiensis)'로 학명을 붙였지만 사람들은 이를 영화 〈반지의 제왕〉에 나오는 호빗족의 이름을 따서 '호빗 화석'이라고 부르기를 더 좋아한다고 합니다. 이 화석은 키가 조금 작은 정도의 화석이 아니라 호빗족과 같은 소인 화석이었기 때문에 학계에 지대한 관심을 끌고 있습니다. 인류 진화의 한 가지에서 이러한 소인이 등장했었다는 것은 재미있는 주장입니다. 옛날 지구 어디엔가 호빗족과 같이 작은 종족이 있었는지도 모른다는 사실이 참으로 놀랍기만 합니다.

# 브로브딩나그의 코미디언 육건달

# 브로브딩나그의 거대 생물들

돌연변이 생물체인 고질라나 킹콩과 같이 거대한 사람이 도시를 질주하는 모습을 상상하는 것은 그리 어려운 일이 아닙니다만 아쉽게도 공룡이 멸종한 이후로 육상에는 아직까지 그렇게 거대한 생물은 나타나지 않았습니다. 코끼리가 거대하지 않느냐고 할 수 있겠지만, 대인국 사람들에 비하면 거대한 코끼리마저도 귀여운 강아지 정도의 크기밖에 되지 않습니다. 현존하는 생물 중에 비교할 수 있는 유일한 생물은 바다에 사는 고래뿐입니다. 그렇다면 왜 거대한 인간이 존재하지 못하는 걸까요?

공룡이 거대하다고는 하지만 그래도 덩치에 있어서는 고래가 한 수 위인 듯합니다. 가장 큰 공룡이 현재의 고래 정도의 크기로 추정됩니다. 공룡이 이렇게 거대해진 것은 몸집이 커지면 육식동물로부터 안전하게 몸을 지킬 수 있고 높은 곳에 있는 먹이도 쉽게 얻을 수 있다는 장점이 있기 때문입니다. 어떤 육식동물도 다 자란 코끼리를 만만하게 생각하고 덤빌 수 있는 상대는 없습니다. 또한 목이 긴 공룡의 경우에는 높은 가지에 있는 먹이까지 먹을 수 있기 때문에 다른 동물보다 생존에 유리했음은 틀림없습니다. 또한 덩치가 커지면 움직임이 둔해 잘못 움직일 것 같지만 코끼리도 사람만큼이나 빨리 뛸 수 있습니다. 사실 재빨라 보이는 다람쥐보다 코끼리가 훨

와~와~

이거 표절 아니야?
아니 초상권 침해인가?

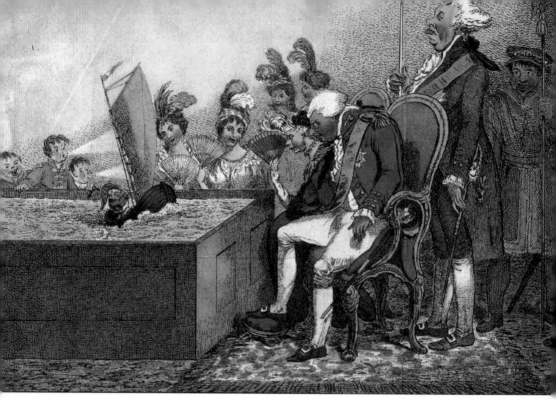

■ 『걸리버 여행기』에 실린 브로브딩나그 그림입니다. 과학을 전공하지 않은 화가는 브로브딩나그인을 인간을 단순 확대한, 거대 인간 정도로 상상한 듯합니다.

씬 빠릅니다. 단지 코끼리가 둔해 보이고 다람쥐가 잽싸게 보이는 것은 다람쥐가 체중이 작아 가속되는 데 시간이 적게 걸려 그렇게 보이는 것뿐입니다.

몸집이 커지면 대사율이 감소하게 되어 덩치에 비해서는 먹이가 덜 필요하게 됩니다. 그러므로 벌새나 뒤쥐와 같은 작은 동물들은 매일 자신의 몸무게보다 더 많은 양의 먹이를 먹어야 하는 반면 코끼리와 같이 덩치가 큰 동물은 몸무게의 5% 정도만 섭취해도 생활할 수 있습니다. 에쿠스와 같은 대형 자동차의 연비는 마티즈와 같은 경차보다 떨어지기는 하지만 단위 질량당 에너지 효율에 있어서는 더 높습니다. 이처럼 거대한 덩치라고 크기에 비례해서 많이 먹어야 하는 것은 아닙니다. 이 점에서는 동물이나 기계나 마찬가지입니다.

몸집이 커지면 유리한 점이 또 있는데, 추위에 잘 견딜 수 있다는 것입니다. 거대한 덩치는 체적에 대한 표면적의 비율이 작아지면서 체내의 열이 빠져나가는 데 시간이 많이 걸려 보온이 잘 됩니다. 즉, 큰 덩치가 훌륭한 단열제의 역할을 하여 추운 지역에서 생활하기에 적합니다. 극지역에 살찐 북극곰이나 타원형의 몸을 가진 펭귄은 그들이 다이어트를 게을리했기 때문이 아니라 추위에 적응하기 위해 몸을 불린 것입니다.


## 브로브딩나그에서는 "뛰지 마, 다쳐!"

거대한 생물은 거대한 몸체로 중력이라는 역학적 문제에 부딪치게 됩니다. 지구상에서 가장 큰 동물인 고래가 바다에서 살아야 하는 이유도 여기에 있습니다. 만약 고래가 육지에 있다면 그들의 거대한 몸을 지탱할 수 없기 때문에 살 수 없었을 것입니다. 그러나 물 속에서는 부력이 중력을 상쇄시켜주기 때문에 몸에 부담을 덜 수 있습니다. 공룡이나 코끼리와 같이 육지의 거대한 동물의 경우에도 거대한 몸을 지탱하기 위해 굵은 다리를 가지고 있다는 것을 상기하면 쉽게 이해가 됩니다.

따라서 대인국 사람들은 우리와 같은 인간의 형태를 그대로 가질 수 없습니다. 그렇다면 어떤 모습을 가져야 할까요? 대인국 사람들은 일단 자신의 몸무게를 지탱하기 위해 다리가 굵어야 합니다. 대인국 사람들은 우리보다 덩치가 12배 크기 때문에 근육의 단면적은 144배 증가합니다.

근육의 단면적이 144배 증가했다는 것은 힘이 144배 증가했다는 뜻입니다. 힘은 근육의 단면적에 비례해서 증가하기 때문입니다. 비쩍 마른 사람보다는 운동을 많이 한 울퉁불퉁 근육맨이 힘이 센 이유는 바로 근육의 단면적이 더 넓기 때문입니다. 이렇게 힘이 세진다면 슈퍼맨도 부럽지 않을 것입니다. 하지만 기쁨도 잠시 1,728배로 증가한 몸무게 때문에 문제가 발생하게 됩니다. 대인국 사람들은 힘은 144배 증가했는데, 몸무게는 1,728배 증가했기 때문에 결국은 12배 무거워진 몸을 이끌고 다녀야 하는 부담을 안게 됩니다. 어떤 TV 광고에서와 같이 자신의 머리 위로 12명의 사람을 이고 다닌다고 상상해 보면 얼마나 힘든 일인지 알 수 있을 것입니다. 아마 걸어 다니는 것은 고사하고 제대로 서 있기도 힘들 것입니다. 이러한 비극이 발생하는 것은 면적은 길이의 제곱, 부피는 길이의 세제곱으로 증가하기 때문입니다.

　대인국에서는 느릿느릿 다닐 수밖에 없으며 뛴다는 것은 상상도 할 수 없습니다. 뛰었다가는 뼈가 부러지거나 다칠 위험이 많기 때문입니다. 급한 일이 있어 뛰게 되더라도 뇌에 심한 충격이 가해질 수 있으므로 조심조심 다녀야 합니다. 우리가 뛸 때 지면에서 10cm 정도(물론 이것보다 훨씬 더 높이 뛰지만) 머리가 아래위로 움직인다고 가정해 봅시다. 이때 대인국 사람의 경우에는 이 수치가 12배 증가하기 때문에 1.2m나 머리가 아래위로 움직이게 될 것입니다. 마치 샴페인 병을 흔들듯이 뇌를 흔들다가는 뇌에 충격이 가해져서 뇌진탕을 일으킬지도 모릅니다.

앞에서는 큰 덩치는 생물체에게 단열 효과가 있다고 했습니다. 단열 효과라는 것은 열의 출입이 자유롭지 못한다는 뜻으로 추위를 막아주기도 하지만 자체에서 발생하는 열의 발산을 막는 역할도 합니다. 따라서 추운 지방에서는 유리하게 작용하는 이러한 장점도 더운 지역에서나 달리기 같은 과격한 활동을 해 체내의 열을 발산하는 경우에도 불리하게 작용할 것입니다. 따라서 함부로 뛰어다니다가는 체온이 너무 올라가 죽을 수도 있을 것입니다.

## 지구의 진정한 지배자는 곤충과 미생물

대인국 브로브딩나그인들이 존재하기 어려운 것은 설명한 대로 물리학적인 이유가 가장 클 것입니다. 더불어 진화의 측면에서도 이러한 '거대 덩치 프로젝트'가 현명한 작전같이 보이지는 않습니다. 만약 그랬다면 아직도 공룡이 지구를 지배하고 있을 테지만 그들은 이미 멸종하고 자취를 감췄습니다.

최홍만 선수 때문에 국내에서 인기를 끌기 시작한 K-1 경기에서는 분명 덩치 큰 선수들이 유리합니다. 짧은 연습기간임에도 불구하고 최홍만 선수가 좋은 성적을 거둔 데는 최홍만 선수의 체격이 유리하게 작용했을 것입니다. 백수(百獸)의 왕인 사자나 바다의 왕자 고래 역시 덩치가 큰 동물들입니다. 이와 같은 사실을 놓고 보면 거대한 덩치는 자연을 지배하는 순리인 듯이 보입니다. 하지만 이는 개체를 비교할 때 단순히 힘만 놓고

따져 본 것일 뿐 사실상 지

구를 지배하고 있는 주인은 따로 있습니다.

오늘날 지구를 지배하고 있는 것은 곤충과

미생물들입니다. 주변 어디에서나 볼 수 있는 곤충과

미생물들은 진정 지구의 지배자라 할 수 있습니다.

종류나 개체 수에 있어 다른 종류의 생물과 비교가

되지 않을 정도로 많기 때문입니다. 이렇게 작은 체구의 생물

이 지구를 지배할 수 있는 것은 근육에 의한 힘을 압도할 수 있는 강

력한 번식력을 가지고 있기 때문입니다. 그렇다면 번식력이 왜 그렇

게 중요할까요?

일반적으로 덩치가 큰 동물은 새끼를 많이 낳지 않습니다. 덩치가 큰

생물들은 적은 수의 새끼를 낳아서 보살피는 방식으로 생존율을 높입니

다. 이에 비해 곤충들과 같이 작은 생물들은 많은 새끼를 낳음으로써 낮은

생존율을 해소하려 합니다. 환경의 변화가 없을 때는 적게 낳아 잘 키

우거나 많이 낳아 대충 키우거나 별 상관이 없습니다. 하지만 운

석이 충돌하여 지구에 기온이 급강하하는 것과 같이 급격한

환경적 변화가 찾아오면 사정은 달라집니다. 이때에는 많은 개체

를 생산하는 종이 살아남을 가능성이 많습니다. 이는 많은 개체를

가질 경우 변화한 환경에 잘 적응하는 개체의 수도 많아지기 때문

입니다. 반면 거대한 생물체는 적은 개체로

환경의 변화에 대처하기가 쉽지 않

습니다. 따라서 진화적인 측면에서

본다면 적은 수의 자손을 생산하는 것은 큰 도박일 수 있고 그리 현명한 전략이라고 할 수 없습니다. 하지만 덩치 큰 생물들이 많은 자손을 생산할 수 있을 만큼 지구의 자원은 무한하지 않습니다. 특별한 경쟁자 없이 마구 먹기만 하며 자신의 서식지를 파괴한 공룡이 멸종한 것에서 인류는 거대 동물이 대량생산될 때의 위험성에 대해 교훈을 얻기도 합니다. 그리고 생물세계에서 자연을 마구 파괴하는 행위에 인간도 동참하고 있는 것은 아닌지 돌아봐야 할 필요가 있는 것입니다.

## 거대 생물의 출현은 산소 때문

실제 지구의 역사를 살펴보면 브로브딩나그에 등장하는 생물들과 같이 거대한 생물들이 지구를 지배하던 시기가 있었다는 걸 확인할 수 있습니다. 공룡들이 살았던 백악기와 거대 곤충이 살았던 석탄기가 바로 그러한 시대입니다. 공룡의 거대함에 대해서는 언급할 필요가 없을 것입니다. 이때는 놀랍게도 석탄기에는 대인국에서나 등장할 듯한 거대한 곤충들이 날아다녔습니다. 석탄기에 살았던 곤충 중에는 날개 길이가 무려 80cm나 되는 잠자리가 있었고, 길이가 1m나 되는 전갈도 있었습니다. 이 정도 곤충들이라

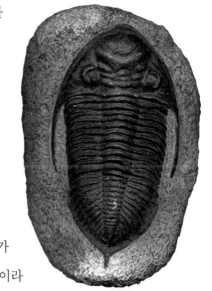

■ 거대 삼엽충의 발견. 거대 곤충의 대표로 불리는 고생대의 삼엽충은 세계 각지에서 화석으로 발굴되는 수가 많습니다.

면 대인국에 등장하는 곤충과 비교해도 크게 작지는 않을 것입니다. 석탄기에는 곤충뿐 아니라 식물도 거대해, 온통 거대 생물투성인 브로브딩나그 왕국과 진배없는 모습이었습니다. 지구의 역사를 통틀어 석탄기와 같이 거대한 생물들이 많이 출현한 시기는 없었습니다. 왜 유독 석탄기에만 거대한 생물들이 많이 있었을까요, 궁금하지요?

이러한 일이 가능했던 것은 그 당시 대기 중에 산소가 풍부했기 때문이라고 여겨지고 있습니다. 대기 중 산소의 농도는 지구가 탄생한 이래 계속 조금씩 변했습니다. 태초에 지구가 탄생할 당시에는 산소가 거의 없었으며, 시간이 지나면서 조금씩 증가했습니다. 흔히 지구에 산소가 풍부해진 것은 시아노박테리아라고 하는 광합성을 할 수 있는 미생물이 등장한 시기로 알려져 있습니다. 이외에도 태양에서 오는 자외선에 의해 물이 수

## ● 지질연대표

| 대(代) | 기(紀)와 세(世) | | | 절대연대(1만 년 전) | 대표 생물 |
|---|---|---|---|---|---|
| 신생대 | 제4기 | 홀로세 | | 1 | 원시인류 |
| | | 플라이스토세 | | 165~1 | |
| | 제3기 | 신제3기 | 플라이오세 | 500~165 | 포유류 |
| | | | 마이오세 | 2,300~500 | |
| | | 고제3기 | 올리고세 | 3,500~2,300 | 포유류 |
| | | | 에오세 | 5,660~3,500 | 조류 |
| | | | 팔레오세 | 6,500~5,660 | |
| 중생대 | 백악기 | | | 14,500~6,500 | 공룡 |
| | 쥐라기 | | | 20,800~14,500 | 시조새 |
| | 트라이아스기 | | | 24,500~20,800 | 암몬조개 |
| 고생대 | 페름기 | | | 29,000~24,500 | 삼엽충 |
| | 석탄기 | | | 36,200~29,000 | 완족류 |
| | 데본기 | | | 40,800~36,200 | 필석류 |
| | 실루리아기 | | | 43,900~40,800 | 방추충 |
| | 오르도비스기 | | | 51,000~40,000 | 산호 등 |
| | 캄브리아기 | | | 57,000~51,000 | 무척추동물 |
| 선캄브리아 | 원생대 | | | 250,000~57,000 | 콜레니아 |
| | 시생대 | | | 455,000~250,000 | 박테리아 |

소와 산소로 분해되는 광분해 현상에 의해 많은 산소가 공급되기도 했습니다. 거대한 곤충이 효과적으로 비행을 하기 위해서는 산소가 많이 필요한데, 높은 농도의 산소를 가진 대기는 안성맞춤이었을 것입니다. 또한 식물이 거대해지기 위해서는 거대한 몸체를 지탱하기 위해서 줄기가 굵어야 하는데, 이때에도 산소가 중요한 역할을 했을 것이라고 과학자들은 추측하고 있습니다.

석탄기와 페름기 초기에는 대기 중 산소의 함량이 35%나 되어 지금의 21%보다 훨씬 풍부했습니다. 산소의 농도가 변하는 것은 광합성이나 광분해에 의해 공급되는 산소와 화학반응으로 지각으로 되돌아오는 산소 양의 차이에 의한 것입니다. 대기 중으로 공급된 산소는 산화철과 같은 산화물의 형태로 지각에 포함되거나, 석유나 석탄과 같은 유기물의 형태로 묻히게 됩니다. 석탄기에 대규모로 석탄층이 형성되었는데, 이렇게 많은 양의 석탄 속에 많은 양의 산소가 같이 묻혀버리게 된 것입니다.

지질학자들이 암석 연구 결과 이렇게 높은 산소 농도로 유지되던 시기가 있었다고 발표하자 "많은 양의 산소를 가지고 있으면 지구는 온통 불바다가 되었을 것"이라며 연구 결과에 반대하는 사람도 많았습니다. 하지만 '지구 불바다 주장'은 잘못된 실험에서 나온 오해로 산소의 농도가 이렇게 높더라도 지구가 불바다가 될 가능성은 많지 않다고 합니다. 인간이 등장한 신생대에는 산소 농도가 높지 않았기 때문에 거대 곤충들이 사라졌을 것입니다. 결국 대인국은 산소 농도가 높은 대기를 가진 곳일 가능성이 많습니다. 물론 동화 속의 모습과는 전혀 다른 모습을 하고 있겠지만 거대 생물이 지배하는 행성이 우주 어느 곳에는 있을지도 모를 일입니다.

하늘을 날아다니는 천공의 성,
라퓨타로의 여행

스위프트가 『걸리버 여행기』를 쓸 당시만 해도 무중력 상태를 경험할 방법이 거의 없었습니다. 비행기나 우주선이 발명된 시기도 아니었기 때문에 하늘에 떠 있는 섬을 상상하기는 쉽지 않았을 것입니다. 하지만 스위프트는 마법의 힘이 아니라 거대한 자석이라는 놀라운 상상력으로 『걸리버 여행기』를 SF의 경지까지 끌어 올렸습니다. 따라서 『걸리버 여행기』는 최초의 SF로 언급되기도 합니다.

역사 속에는 수많은 이카루스(그리스신화의 인물인 이카루스는 밀랍으로 붙인 날개를 달고 하늘을 나는 데 심취해 태양 가까이에 가지 마라는 아버지 다이달로스의 경고를 잊어버리고 태양을 향해 날아가다 추락사를 하고 맙니다)들이 등장하여 자신의 신념을 위해 기꺼이 목숨을 걸기도 합니다. 많은 희생을 치르면서 얻어낸 소중한 지식으로 인간은 드디어 하늘을 날 수 있게 됩니다. 열기구와 같이 부력을 이용하거나 비행기와 같이 양력을 이용하거나, 로켓과 같은 추진력을 이용하는 방법이 바로 그러한 연구 성과들입니다. 하지만 『걸리버 여행기』의 저자 스위프트는 이러한 방법이 아니라 척력(자석이 같은 극끼리 서로 미는 힘)을 이용해 비행할 수 있는 방법을 생각해 냅니다. 척력이 중력보다 크다면 물체를 공중부양시킬 수 있다는 간단한 이론에서 출발합니다. 과연 거대한 자석으로 공중을 날아다니는 성을 만드는 것은 가능할까요?

# 전기력? 자기력? 무엇이 라퓨타를 뜨게 했을까?

자석은 물체를 끌어당기기도 하고 밀기도 합니다. 미는 힘, 즉 척력이 작용한다는 것은 중력에 대항해 물체를 뜨게 할 수 있다는 것을 뜻합니다. 전기도 자석과 마찬가지로 척력을 작용시킬 수 있기 때문에 물체를 뜨게 할 수 있습니다. 풍선을 각각 스웨터에 문지른 후 두 풍선을 가까이 가져가 보면 마찰전기를 일으켜 풍선이 서로 밀치는 것을 볼 수 있습니다. 하지만 일상생활에서의 마찰전기는 치마가 몸에 달라붙거나 머리카락이 빗에 끌려오는 것과 같이 인력이 작용하는 경우가 대부분입니다. 이것은 두 물체를 마찰하여 발생하는 마찰전기는 한 물체에서 다른 물체로 전자가 이동하여 서로 다른 전기로 대전되기 때문입니다. 하지만 일반적인 물체들은 같은 양의 양전기와 음전기를 가지고 있어 아무런 전기적 힘이 작용하지 않습니다.

■ 마찰전기 실험.
풍선을 머리카락에 비비거나, 빗을 머리카락에 비비는 경우, 풍선과 빗은 정전기라는 마찰전기를 통해 인력을 발생하게 됩니다.

전기력이나 자기력을 이용해서 단순히 머리카락 띄우기 정도가 아니라 물체를 띄우고 싶다면 엄청난 양의 전기나 거대한 자석을 동원해야 합니다. 전기의 경우 많이 모이게 되면 주변으로 방전되어 버리기 때문에 모으기가 쉽지 않습니다. 라퓨타가 전기를 이용해서 섬 전체를 공중부양에 성공했다면 주변에서 번개를 맞을 수도 있습니다.

자석의 경우에는 쉽게 방전되지 않는 전자석으로 만들 경우 취급하기 쉬운 장점이 있습니다. 따라서 자기부상열차

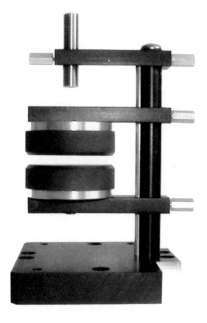

■ 원형자석을 위아래로 놓고 척력을 통해 위의 자석을 띄우는 실험입니다. 힘의 평형이 이루어져 위의 자석이 떠있을 수는 있지만 오랜 동안 지속하기는 현실적으로 매우 어렵습니다.

라든가 자이로드롭의 자기 브레이크와 같이 큰 힘이 필요한 곳에 사용되기도 하죠. 자기의 경우 항상 두 극이 같이 존재하기 때문에 스위프트가 상상했던 것과 같이 거대한 막대자석으로 섬을 잘 조종해야만 섬을 공중 부양시킬 수 있습니다. 그러나 안타깝게도 정지상태의 자석은 떠 있게 할 수 없다는 것이 1842년 새무얼 언쇼에 의해 밝혀졌습니다. 이를 '언쇼의 정리(Earnshaw's theorem)' 라고 부르는데 그 내용은 어떤 자극의 배열을 하더라도 정지 자기력만으로는 힘의 평형상태를 이룰 수 없다는 것입니다. 따라서 조작 중 약간이라도 실수를 할 경우에는 섬이 회전하면서 순식간에 지상에 충돌해 버릴 수 있습니다. 두 개의 원형 자석을 같은 극끼리 놓으면 척력 때문에 위쪽의 자석이 공중에 뜨게 되는데 이런 상태를 유지

하기는 매우 어렵습니다. 자석에 작용하는 힘이 평형을 이루지 않으면 자석은 약간의 힘에도 회전력을 얻어 서로 다른 극끼리 붙어버리기 때문인데요. 거대한 자석끼리 뜨게 한다는 것이 불가능하지는 않다는 선에서 가능성을 둘 수 있습니다.

　최근에 나온 지구본 중에 '공중부양 지구본(Levitating Globes)'이라는 것이 있습니다. 이는 공중부양 팽이로 유명한 레비트론에서 만든 것으로 지구본과 지지대 사이의 자기력을 감지하여 계속 변화시키기 때문에 공중부양이 가능합니다. 위쪽의 전자자석을 포함한 자기장 감지기가 전자 통제 구성요소를 수용하여 거리를 기억하고 아래쪽의 칩을 통해 초당 16,000번의 통제 과정을 거쳐 항상 지구본의 위치를 고정시켜줍니다. 이렇게 자기력을 조절할 수 있기 때문에 일상생활에서 전자석은 다양한 용도로 사용됩니다. 하지만 자기력을 조절할 수 없는 영구 자석으로는 제자리에서 떠 있는 정도밖에 할 수 없습니다. 조금이라도 움직이면 설명한 것과 같이 중력에 의해 추락해 버릴 수 있기 때문입니다. 따라서 영구 자석이 아니라 거대한 전자석으로 라퓨타를 조종해야 섬 전체를 안전하게 움직일 수 있습니다. 라퓨타를 조

■ 공중부양 지구본.
시판되고 있는 공중부양 지구본은 초당 16,000번의 자기장 조정과정을 통해 공중에 떠 있는 위치 고정이 가능합니다.

종하기 위해서는 강력한 전자석이 필요합니다. 강력한 전자석은 코일을 많이 감거나 전류를 많이 흘렸을 때 만들어지기 때문에 엄청나게 많은 전선을 감은 큰 코일과 이 코일에 흘려줄 엄청난 양의 전류도 필요합니다. 따라서 예나 지금이나 섬을 띄운다는 것은 결코 쉬운 일이 아닙니다. 이렇게 힘들게 섬을 공중부양시켰다 하더라도 항상 섬을 자석 바로 위에 위치시키는 것이 또 하나의 난제로 남습니다. 조금만 기울어져도 힘의 평형을 이룰 수 없어 공중부양은 실패로 돌아갑니다.

한편, 자석 사이에 작용하는 척력이 아니라 자석의 배치를 특이하게 하여 물체를 띄우는 장치도 있습니다. 1952년 영국의 발명가 존 설(John Roy Robert Searl)은 특이한 영구자석(어떤 연구자에 의하면 이 자석은 그 당시 쉽게 구할 수 있는 자석이라고 합니다)을 이용해 원반 모양의 반중력 장치를 만들었다고 합니다. 설은 자신의 반중력 장치의 원리를 명확하게 공개하지 않았으며, 설은 Laws of Squares라고 명명한 마방진의 원리를 이용해 자석을 배치했다고만 설명했습니다. 설은 숫자를 일정하게 배치하는 것이 자연의 원리에 따르는 것이 아니며, 마방진에서와 같이 숫자를 정사각형으로 배열하여 대각선으로 그 합이 같게 나오게 하는 배치가 자연적이라고 주장했습니다. 일부 연구자들은 설의 장치가 자석을 고속으로 회전시켜서 중력과 상호작용을 통해 물체를 뜨게 한다고 주장하기도 하지만 대부분의 물리학자들은 그의 주장을 터무니없다고 일축해 버립니다. 여하튼 스위프트는 설의 반

■ 마방진의 용례.
마방진은 4각형 안에서 어느 쪽으로 숫자를 더해도 같은 값을 가지는 것을 말합니다.

중력 장치가 등장하기도 전에 이미 영구 자석을 이용해 하늘을 날아다니는 섬을 생각해 냈습니다. 상상력은 시대를 초월하죠.

## "자기 부상에 성공하라" 라퓨타 실현 프로젝트

일본 애니메이션 〈천공의 성 라퓨타〉에서 거대한 섬 라퓨타는 석영과 비슷한 모양을 한 비행석을 이용해 비행을 합니다. 비행석의 비행원리는 알 수 없으며 단지 신비한 힘에 의해 비행이 가능한 듯이 묘사됩니다. 따라서 과학적인 측면에서 본다면 〈천공의 성 라퓨타〉는 스위프트의 상상력을 넘어서지 못했다고 할 수 있습니다. 하지만 SF의 대부 H. G. 웰즈 (Herbert George Wells, 영국의 소설가로 『타임머신』 『우주전쟁』 『투명인간』 등과 같은 작품으로 많은 SF작품에 영향을 주었습니다)의 상상력은 스위프트보다 한 수 위라고 할 수 있습니다. 그는 전기장이 차폐(遮蔽)될 수 있는 것과 같이 중력장을 차폐할 수 있는 카보라이트(cavorite, 발명자의 이름을 딴 상상의 물질)를 동원하여 하늘을 나는 우주선을 만듭니다.

물론 아직까지 이러한 물질이 발견되지는 않았습니다. 만약 중력을 차폐시킬 수 있는 물질이 있다면 라퓨타와 같이 날아다니는 섬을 만들 수 있습니다. 또한 그러한 물질로 만든 방 안에서는 자유롭게 날아다닐 수 있기 때문에 놀이공원의 놀이시설로 설치한다면 아주 재미있을 것입니다.

자기장과 전기장은 서로 같은 극(또는 전기)일 때 서

로 밀어내는 척력이 작용하지만 지구에 작용하는 중력장은 인력만 작용하는 것처럼 보입니다. 질량을 가진 물체끼리는 서로 끌어당기는 인력만 작용하기 때문에 이렇게 서로 끌어당기는 힘을 만유인력이라 부릅니다. 질량을 가진 물체끼리 서로 밀치는 척력이 발견된다면 라퓨타는 아무런 문제없이 하늘을 떠다닐 수 있을 것입니다.

전기력과 자기력은 인력과 척력을 모두 가지고 있기 때문에 당연히 중력의 척력인 '반중력'에 대한 관심도 많을 수밖에 없었습니다. 반중력을 이용한 장치는 부력이나 양력을 이용하지 않고도 날 수 있는 장치입니다. 비주류 과학을 연구하는 일부 연구자들 가운데는 반중력 장치를 만들었다고 주장하는 경우도 있지만 아직까지 과학계에서 인정을 받지는 못했습니다.

라퓨타에 등장하는 하늘을 날 수 있는 섬을 전기력이나 자기력으로 조종하기는 어렵기 때문에 현실적으로는 반중력이 존재해야만 라퓨타를 띄우는 것이 가능해질 것입니다. 반중력을 발생시킬 수 있는 섬은 지상의 어떤 지점과도 지속적으로 척력을 작용할 것이기 때문에 지상에서 군이 조종할 필요도 없습니다. 한 물체가 다른 물체를 중력과 크기는 같고 힘의 방향이 반대인 힘으로 밀어낸다면 이른바 반중력 또는 마이너스 중력이라고도 부를 수 있을 것입니다. 아직까지 반중력은 SF소설이나 영화 속 이야기로 여겨지지만 현실에서 반중력 장치를 개발하기 위해 노력하는 사람도 많습니다. 앞에서 이야기한 설의 반중력 장치 이외에도 일본인 신니치 세이케(Shinichi Seike)의 세이케 장치나 캐나다 발명가인 존 허치슨(John Hutchison)의 허치슨 장치도 모두 그러한 장치들입니다. 세이케 장치는 전자석을 만들 때 전선을 뫼비우스 띠 모양으로 감아서 만들었다고 합니다. 허치슨 장치는 두 개의 커다란 고압발생코일(테슬라 코일)을 서로 마주보게 설치하고 코일의 끝에 각각 정전기 발생장치(반데그라프)를 부착하여 만들었다고 합니다. 이러한 반중력 장치들은 한결같이 어떠한 원리로 작동하는지 알려지지 않았습니다. 또한 과학계에서 기기의 확인을 요청하면 기기가 사라졌다거나 화재로 소실되었다는 핑계로 실험을 재현하지 못하는 경우가 대부분입니다. 이 때문에 반중력 장치가 단순한 속임수라고 말하는 사람도 많으며, 과학자들이 이를 정규 과학의 영역으로 받아들이지 않는 것입니다. 하지만 일부 과학자들과 기술자들은 이 장치의 비밀을 알아내기 위해 연구를 계속하고 있습니다.

그런데 미래에 반중력 장치가 만들어져서 라퓨타가 현실에서 실현된다면 공중부양 기술로 가장 먼저 변화를 겪는 부분은 교통수단일 것입니다. 자기부상열차는 초전도 자석을 이용하여 기차가 공중부양같이 레일 위를 떠서 움직이게 합니다. 액체 헬륨 위에 자석이 공중부양해 있는 모습은 매우 신비롭게 느껴집니다. 여기서 초전도 현상

■ 자기부상열차의 모습.

이란 어떤 온도 이하에서 물질의 전기 저항이 사라지는 현상을 말합니다. 초전도 현상을 일으키는 초전도체의 경우 자기력선을 밀어내는 성질을 가지고 있기 때문에 공중부양이 가능하게 되는 것입니다. N극과 N극을 마주보게 하면 자기력선은 서로 밀어내는 모양을 하게 되듯이 초전도체는 자기력선을 밀어내기 때문에 발생합니다. 이와 같이 초전도체에 의해 나타나는 자기 현상을 마이스너 효과(Meissner effect)라고 하며, 자석이 초전도체 위에서 공중에 떠 있는 것이 바로 마이스너 효과에 의한 것입니다. 우리나라는 1993년 대전엑스포에서 독일, 일본에 이어 세계 3번째로 자기부상열차를 제작해 시험 가동했습니다. 아직까지는 영화를 통해서 자기부상열차가 운행되는 모습을 볼 수밖에 없지만, 가까운 미래에는 이러한 열차를 탈 수 있을 것으로 생각됩니다. 스위프트가 이 소설을 쓸 때 이러한 미래를 상상이나 했을까요?

## 자석에 대해 알아야 할 거의 모든 지식

스위프트가 걸리버를 쓰기 불과 몇 세기 전만 해도 뱃사람들 사이에는 인도 앞바다에 거대한 자석의 산이 있어, 못을 박아 만든 배는 못이 산에 끌려가 침몰하고 만다는 믿음이 있었습니다. 인도나 동아시아 지역은 대항해시대에 이르러서까지도 신비에 싸인 곳이었기 때문에 이러한 이야기를 믿는 사람이 많았습니다. 이러한 이야기는 플리니우스나 프톨레마이오스 등 고대 그리스의 유명한 학자들에 의해서 퍼진 이야기로 자기학의 아버지라 불리는 길버트(William Gilbert)가 『자석에 관하여(De Magete)』라는 책을 내는 1600년까지 계속 이어졌습니다.

길버트는 엘리자베스 여왕의 주치의로 당시에는 의사로서 명성이 높았지만 사후에는 자기학으로 과학사에 남긴 공적에 의해 재조명을 받았습니다. 길버트는 실험을 통해 '자석에 마늘을 문지르면 자력이 없어진다'는 생각(스콜라철학의 대부라 불리는 토마스 아퀴나스도 이러한 주장

■ 프톨레마이오스는 이집트의 알렉산드리아에서 천체(天體)를 관측하면서, 대기에 의한 빛의 굴절작용을 발견하고, 달의 운동이 비등속운동임을 발견하였습니다. 천문학 지식을 모은 저서 『알마게스트(Almagest)』는 코페르니쿠스 이전의 최고의 천문학서로 인정받고 있습니다.

을 했다고 합니다)이 잘못되었다는 것과 지구가 하나의 거대한 자석과 같이 움직인다는 것을 알아냅니다. 나침반은 엘리자베스 여왕 시절 먼 거리를 항해하는 배들에게 필수품이었는데, 길버트는 나침반의 움직임을 연구해 이런 사실을 알아냅니다. 하지만 정확하게 이야기를 하면 길버트의 생각 또는 많은 과학 교과서에 그려진 것과 같이 지구가 하나의 거대한 막대자석은 아닙니다. 지구의 자기는 자북과 자남이 정확하게 일치하지 않으며, 매우 복잡한 양상을 가지고 있습니다.

〈코어〉라는 영화에서는 지구의 자기장이 사라지면서 새들이 건물

에 충돌하여 죽는 등 일대 소동이 벌어지는 모습을 보여줍니다. 또한 영화는 지구 자기장이 사라지면 모든 생물이 멸종할 것이라고 이야기합니다. 지구 자기장이 사라진다고 해서 생물이 멸종할 것이라는 영화 속 주인공의 주장은 상당히 과장된 표현일 수 있습니다. 왜냐하면, 해양 퇴적물을 조사하면 자기장의 변화에 따라 자화된 방향이 다르기 때문에 지구 자기장의 변화를 알아 낼 수 있는데, 지구 자기장은 360만 년 동안 9번이나 극이 바뀔 정도로 변화가 심했지만 이로써 큰 혼란이 있었다는 흔적은 남아 있지 않기 때문입니다.

인류가 등장해 아직 그 힘이 미약한 시기였던 100만 년 전, 1~2만 년 동안 지구 자기장은 0이었다고 합니다. 지구의 자기장은 끊임없이 변화하고 있고 세기도 계속 변하고 있습니다. 지금도 자기장의 세기가 계속 약해지고 있으며, 2,000년 후에는 현재의 1/10 수준이나 그 이하가 될지도 모른다고 합니다. 이렇게 자기장의 변화가 심하지만 아직도 생물들은 번창하고 있기 때문에 자기장이 사라진다고 생물이 모두 멸종할 것이라는 가정은 영화적 상상에 지나지 않습니다. 하지만 지구 자기장이 지구로 날아드는 하전 입자를 붙잡기 때문에 지상의 생물들을 보호하는 데 큰 역할을 하는 것은 사실입니다. 갑자기 지구 자기장이 사라지면 각종 생물들이나 전자기기에 많은 피해를 입을 것입니다.

동물들이 자기장을 감지할 수 있다는 것은 널리 알려져 있습니다. 심지어 조개나 꿀벌, 박테리아도 자기장을 감지하여 방향을 찾아냅니다. 철새의 경우 수천 킬로미터 이상을 길을 잃지 않고 날아가는데 머리 속에 있는 마그네타이트(자철광)가 중요한 작용을 하는 것으로 알려져 있습니다.

귀소 본능을 가진 비둘기도 그러한 경우입니다. 비둘기의 몸에 자석을 붙여 지구 자기장을 감지하지 못하게 하면 집을 찾아가지 못하고, 몸에 있는 자석의 극과 반대 방향의 자석을 머리에 붙여 놓으면 집과 반대 방향으로 날아간다고도 합니다. 그런데 영화 〈코어〉에서는 동물들이 민감한 자기 감각을 가졌다는 전제 하에 이야기를 꾸몄겠지만, 시각이 매우 발달해 있는 새의 경우 자기장에 이상이 생긴다고 해서 벽에 부딪히는 행동 따위는 하지 않습니다. 다만 길을 찾는 데 어려움을 느낄 뿐입니다. 인간의 경우에도 방향 감각이 없어 소위 길치라고 불리는 사람들은 지구 자기장을 잘 감지하지 못하는 것이라는 재미있는 주장을 하는 경우도 있습니다. 하지만 자석 팔찌나 목걸이를 한다고 해서 길을 잃는 것은 아니기 때문에 그럴 가능성은 많지 않은 것 같습니다.

## 왜 자석은 철만 끌어당기는 걸까?

자석 실험을 통해 자석이 끌어당기는 것은 철이라는 걸 쉽게 확인할 수 있습니다. 플라스틱이나 유리 같은 것들은 자석의 영향을 받지 않습니다. 왜 자석은 철만 끌어당기는 걸까요?

물질 속에 음전하와 양전하의 수가 같아서 전체적으로 전기적 성질을 나타내지 않듯이 자석의 경우에도 상황은 비슷합니다. 물체 속에 존재하는 원자들은 모두 조그만 자석이지만 무질서하게 배치되어 있기 때문에 전체적으로는 자석의 성질을 띠지 않습니다. 영구 자석의 경우에는 이렇

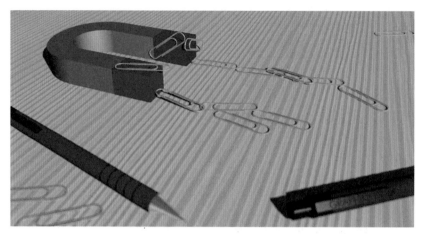

■ 클립이 자석에 붙는 것은 자석의 자기장으로 인해 클립의 자성이 한 방향으로 정렬, 일시적으로 자성이 유도되기 때문입니다.

게 무질서한 원자 자석들을 일정한 방향으로 배치함으로써 못을 끌어당길 수 있는 것입니다. 자석을 망치로 부숴보면 깨진 조각들도 계속 자석의 성질을 가지고 있으며 아무리 작게 쪼개도 계속 자석의 성질이 사라지지 않는 것을 확인할 수 있습니다. 하지만 자석을 아예 가루로 만들어버리면 가루 자석이 무질서해져 전체적으로는 자석의 성질을 띠지 않게 됩니다. 다만 외부에서 강한 자석으로 가루를 정렬시키면 다시 자석의 성질을 나타냅니다. 원칙적으로 자석에 붙는 것은 자석밖에 없습니다. 철에 자석을 가까이 가져가면 원자 자성이 모두 일정한 방향으로 정렬하기 때문에, 즉 일시적으로 자성이 유도되기 때문에 자기력을 가지는 것입니다. 이것이 바로 못에 자석을 가까이 가져가면 못이 자석에 끌려오는 이유인 것입니다. 자석을 가까이 가져갔을 때 자성이 유도되고 자석을 제거했을 때도 자성이 남아 있는 물체를 강자성체라고 하며 철이나 니켈, 코발트 등이 있습니다.

그렇다면 다른 물질들도 모두 원자로 되어 있는데 자성을 나타내야 하는 것이 아니냐고 반문할 수도 있을 것입니다. 물론 맞는 이야깁니다. 하지만 유리와 같은 물질들은 전자가 쌍을 이루고 있는데, 서로 반대 방향으로 짝지어 있어서 전체적으로 보면 자성을 나타내지 않습니다.

자석의 신비한 힘에 대해서는 일찍부터 사람들에게 알려져 있었던지라 자석을 치료에 사용했다고 기록한 문헌도 어렵지 않게 찾아 볼 수 있습니다. 하지만 길버트는 이미 450년 전에 자석이 치료에 효험이 없다고 주장했습니다. 그리고 그의 이론은 지금에 와서 확신을 더하고 있습니다. 자기치료 효과를 선전하는 광고 문구에서 자석이 철을 끌어당기기 때문에 헤모글로빈에 포함된 철도 끌어당긴다고 설명하는 것을 볼 수 있습니다. 하지만 철이 많이 함유된 시금치나 녹슨 철이 자석에 붙지 않는 것과 같이 헤모글로빈 속의 철도 자석에 붙지 않습니다. 자석을 치료에 사용했다고 하는 옛 문헌이 자석 치료가 유효하다는 근거는 되지 못합니다. 자석이 인체에 어떤 영향을 줄 수 있다고 주장하는 것에는 반대하지 않습니다만 시중에 판매되고 있는 자석 치료제품들이 과연 광고만큼의 효과가 있는지에 대해서는 일단 의심을 해보는 것이 좋지 않을까요?

## 말이 인간을 지배하는 세상, 후이늠 이야기

『걸리버 여행기』에서 소인국, 대인국을 제하고 라퓨타와 후이늠을 기억하는 이는 많지 않습니다. 그 중에서 회자된 바가 많지 않은 후이늠은

# 후이늠족과 야후족 중 누가 왕이 될까?

지가 왕이라는데 손좀 볼까요?

나두 저렇게 살다 죽게.

나는 밀림의 왕이닷~!

나는 넘버2 다~!

더 그러하겠지요. 후이늠 이야기에서 후이늠족은 말의 모습을 하고 있지만 인간과 같이 생각하고 행동할 수 있는 이성을 가진 종족입니다. 하지만 후이늠 나라에서 인간인 야후족은 사납고 욕심 많은 야만스러운 동물로 그려집니다. 후이늠족은 걸리버의 나라인 인간세상에서는 인간인 야후족이 후이늠족을 가축으로 이용하고 타고 다니기도 한다는 말에 매우 흥분합니다. 후이늠 나라와 인간세상에서 일류 종족과 짐승을 구분할 수 있는 것은 '이성의 유무'인 듯이 보입니다. 후이늠에서 이성을 가진 종족은 말인 후이늠이고 인간세상에서 이성을 가진 종족은 인간입니다. 다시 말해 걸리버의 고향인 인간세상, 콕 집어 영국에서는 인간은 이성을 가지고 있지만 말은 그렇지 못하며, 후이늠에서는 그와 반대로 말이 이성을 가지고 있습니다. 인간과 후이늠 두 종족은 모두 자신이 이성을 가지고 있기 때문에 다른 동물을 지배해도 된다는 생각을 가지고 있는 것입니다. 그렇다면 이성을 가진 인간은 동물을 마음대로 죽여도 될까요?

인간이 다른 동물에 대해 지배권을 가지고 있다는 생각의 기원은 성경의 『창세기』로 거슬러 올라갈 만큼 오래되었습니다(물론 성경에도 자기 동물을 사랑하라는 구절이 있기는 합니다). 서양의 철학적 흐름에 가장 큰 영향을 끼친 아리스토텔레스는 동식물을 지능에 따라 순위를 매겨 놓은 '자연의 사다리(Scala Naturae)'라는 개념을 주장하였습니다. 아리스토텔레스는 이 사다리의 아래쪽에 있는 하등한 생물은 위쪽에 있는 생물들을 위해 존재한다고 생각했습니다. 따라서 사다리의 맨 꼭대기에 있는 사람이 다른 생물을 지배하는 것은 당연한 것이었습니다. 물론 동물에 대해 친절을 베풀거나 인간과 동일하게 대해야 한다고 주장하는 철학자들도 있

기는 했지만 결국 아리스토텔레스의
영향을 받은 초기 기독교 사상
에서는 동물에 대한 인
간의 지배권과
살육권을 인
정하는 쪽으
로 대세가 기
울었습니다.

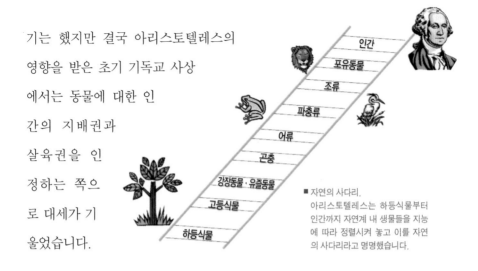

■ 자연의 사다리.
아리스토텔레스는 하등식물부터
인간까지 자연계 내 생물들을 지능
에 따라 정렬시켜 놓고 이를 자연
의 사다리라고 명명했습니다.

## 동물권(animal right)은 존중되어야 하는가?

17세기의 유명한 철학자이자 물리학인 르네 데카르트(Rene Decartes)
는 기계적인 세계관을 가지고 있었습니다. 그는 동물이 오늘날의 로봇과
같은 기계일 뿐이기 때문에 동물은 마음을 가지고 있지 않다고 생각했습
니다. 따라서 마음이 없는 동물은 고통을 느끼지 않으므로 실험을 위해 해
부하는 등의 행위로 마음의 가책을 느낄 필요가 없다고까지 주장했습니
다. 고장 난 시계가 어떻게 생겼는지 알기 위해 그것을 분해하는 것에 전
혀 양심의 가책을 느끼지 않듯이 배탈 난 강아지의 뱃속을 알아보기 위해
강아지의 배를 마음대로 갈라봐도 괜찮다는 것입니다. 이 책을 읽는 여러
분은 데카르트의 이러한 생각에 동의하지 않을 것입니다. 왜냐하면 동물
도 고통을 느낀다는 것을 잘 알고 있기 때문입니다. 강아지를 키워본 사람

은 동물도 희로애락을 느낀다는 것을 직감적으로 알 수 있습니다. 물론 이렇게 직감적으로 안다고 하는 것은 어떠한 과학적인 증거도 되지 못합니다. 오늘날 우리가 동물이 고통을 느낀다고 추정하는 것은 대부분의 척추동물이 고통을 줄여주는 아편제제를 체내에서 합성해 내는 것으로 미루어 짐작할 뿐입니다.

만약 동물들도 인간과 같이 고통뿐 아니라 즐거움을 느끼고 희로애락의 마음을 가지고 있다면 동물들도 자신의 행복을 추구할 권리가 있다고 할 수 있을 것입니다. 즉, 인간이 인권을 가지고 있듯이 동물도 동물권(animal right)을 가지고 있다고 할 수 있습니다. 아직 인권도 제대로 지켜지지 않는 세상에 동물권이라니 생뚱맞은 소리라고 할지도 모릅니다. 동물권은 사실 미국과 같이 애완동물 양육권 분쟁이 벌어지고, 동물의 재산을 신탁해서 관리하는 곳에서도 논란이 많은 부분입니다. 우리나라에서는 아직 동물권은 고사하고 동물복지(Animal Welfare)라는 말조차 생소하게 느껴집니다.

동물권을 주장한 동물해방 운동이 본격적으로 시작된 것은 1975년 당시 29세의 오스트레일리아의 철학자인 피터 싱어(Peter Singer)가 저술한 『동물 해방론』이라는 책이 대중의 주목을 끌면서입니다. 싱어는 동물이 고통과 즐거움을 느낀다면 인간과 마찬가지로 동물도 도덕적 공동체에 포함되어야 한다고 주장했습니다. 그는 인간만을 위한 공리주의가 아니라 동물까지 포함한 공리주의가 되어야 한다고 주장했습니다. 이러한 그의 주장은 사회적으로 큰 파장을 불러일으켜 동물보호 운동과 동물해방 운동이 본격적으로 시작되기에 이릅니다.

동물보호에 대한 여론이 강한 유럽에서는 2009년부터 동물실험을 거친 화장품의 판매를 완전 금지시킬 예정이라고 합니다. 언뜻 생각하기에는 테스트를 거치지 않은 화장품을 유통시키는 것은 현명하지 못한 처사인 듯이 보일 수도 있지만 동물보

■실험실의 쥐들.
한해 국내에서 실험대 위에 오르는 동물은 한국실험동물학회 추산치로 약 500만 마리입니다. 그중 70~80%를 쥐가 차지합니다. 쥐는 척추동물인 데다 생물학적으로 사람과 흡사하고 보관이 쉽고 번식력이 뛰어나 실험용으로 적합하다고 합니다.

호론자들은 동물실험에 의한 결과는 50%도 믿을 수 없으며 동물실험을 거친다고 해서 그 결과가 그대로 인체에 적용된다는 완전한 근거가 되지 못하기 때문에 동물실험은 필요가 없다고 주장합니다. 동물보호론자들은 대표적인 예로 '탈리도마이드(Thalidomide) 사건'을 거론합니다. 1960년대 탈리도마이드는 입덧이 심한 임산부의 구토 억제제로 개발되어 널리 처방되었습니다. 하지만 동물실험에서는 아무런 문제가 없었던 이 약이 태아에게 팔다리가 없는 심한 기형을 유발하는 치명적인 부작용을 일으킨다는 것이 뒤늦게 밝혀졌습니다. 확인 결과 이 약은 오직 인간과 일부 토끼에서만 기형을 유발했습니다. 동물실험의 신빙성 문제와 동물보호운동의 영향으로 동물실험을 줄이는 방향으로 나아가고 있지만 아직도 전 세계 연구소에서는 수많은 실험동물들이 죽어가고 있습니다.

『걸리버 여행기』는 아이들의 눈으로 본다면 걸리버라는 사람이 신기한 여러 나라로 모험을 떠나는 신나는 모험 동화일 것입니다. 하지만 스위프트는 아이들을 위한 동화로 이 글을 쓴 것이 아니라 그 당시의 정치나 사회 현실을 풍자하기 위해 이 소설을 썼다고 합니다. 스위프트는 뛰어난 상상력을 발휘해 문명사회의 탐욕과 부패, 위선적인 정치인들의 모습에 대해 날카로운 비판을 가했던 것입니다. 하지만 과학자의 입장에서 본다면 이 소설은 훌륭한 고전 SF라고 할 수 있습니다. 거인국과 소인국에 대한 묘사에는 허황된 판타지가 아니라 생물의 크기에 따른 과학적 추론이 들어 있습니다. 거대한 자석을 통해 하늘을 날아다니는 라퓨타 이야기는 과학적 사실을 토대로 한 나름대로 참신한 SF라고 할 수 있습니다.

웰빙 시대,
과자로 만든 집은 정말 좋을까?

『헨젤과 그레텔』에서 헨젤과 그레텔은 식량이 부족해지자 계모와 무능한 아버지로부터 버림받아 숲 속에 버려집니다. 집에 돌아가지 못하고 숲 속을 헤매던 헨젤과 그레텔은 과자로 만든 예쁜 집을 발견하죠. 하지만 과자로 만든 집에는 아이들을 유인해 잡아먹는 나쁜 마녀가 살고 있었습니다. 나쁜 마녀는 그레텔을 살찌워서 잡아먹으려고 하지만 헨젤은 재치를 발휘해 마녀를 가마 속으로 밀어 넣습니다. 헨젤과 그레텔은 마녀의 집에서 보석을 가지고 집으로 돌아와 아버지와 함께 행복하게 살았다고 합니다.

일반적으로 알려진 이러한 이야기와 달리 TV나 인터넷을 통해 알려진 『헨젤과 그레텔』의 진실(?)은 많은 사람들에게 충격을 주며 '동화의 원작과 진실 찾기 붐'을 일으키기도 했습니다.

한편 일각에서는 헨젤과 그레텔의 이야기는 그림형제가 처음으로 한 이야기도 아니며 그 당시 널리 퍼져 있던 과자집 이야기 중 하나일 뿐이라고도 합니다. 그림형제의 초창기 판본에 실린 대부분의 동화들은 아동을 위한 것이 아니어서 주석까지 달리 학술서적에 가까웠습니다. 아이들보다는 민담에 관심 많은 어른들이 주 독자층이었기 때문에 굳이 잔인한 장면을 삭제하지도 않았습니다. 다양한 의문이 제기되는 이야기의 진실은 그림형제만이 알겠지요.

## "과자 는 죄가 없다!"

그림형제가 이 동화를 쓸 당시에는 과자
와 같이 맛있는 먹을거리가 거의 없는 먹고
살기도 힘든 아주 어려운 시절이었습니다.
따라서 그 당시 과자로 만든 집은 아이들에게
큰 유혹거리라고 할 수 있습니다. 당시에는『헨
젤과 그레텔』뿐 아니라『계란 과자집』이나『아이들
과 사탕집』과 같이 먹는 것을 소재로 한 이야기도 많았습니다.

아이들이 과자를 좋아한 것은 단순히 먹을 것이 부족해서라기보다는
더 다양한 이유가 있습니다. 역사서를 살펴보면 인류는 비만을 걱정하기
보다는 먹을 것을 걱정해야 하는 시기가 더 많았습니다. 먹을 것이 귀한
시기에 열량이 많은 단것은 훌륭한 에너지원이었습니다. 이런 이유 때문
에 우리 몸은 단것을 구하게 되면 일단 몸에 최대한 많이 저장해 둘 필요
를 느끼며 단 것을 선호하는 쪽으로 발달하게 되었습니다. 이 관점에서 본
다면 과자나 사탕과 같이 단 음식들은 해로운 것이 아니라 몸의 에너지가
되는 이로운 것들입니다. '단맛=좋은 것' 이라고 유전자 속에 프로그램되
어 있기 때문에 헨젤과 그레텔이 과자로 만든 집에 너무 쉽게 유혹당할 수
밖에 없었을 것입니다.

더불어 아이들이 쓴맛을 피하고 단맛을 찾는 이유는 쓴맛이 나는 음
식은 잘못 먹을 경우 탈이 날 위험이 높다는 것을 잠재적으로 알고 있기
때문입니다. 쓴맛을 느끼게 하는 것들 대부분은 알칼로이드(alkaloid)인

데, 이것은 식물이 자신을 방어하기 위해 만든 천연 살충제입니다. 알칼로이드는 질소를 포함한 염기성 유기화합물을 지칭하는데 화합물 속의 질소가 물에 녹으면 염기성을 띠기 때문에 알칼로이드라고 불립니다. 알칼로이드를 포함한 식물들은 이미 오래전부터 약으로 사용되어 왔는데, 알칼로이드가 동물의 체내에서 생리적·심리적 작용을 하기 때문입니다. 일례로 커피를 마시면 카페인이라는 알칼로이드가 각성작용을 해 잠이 오지 않습니다. 담배잎 속의 니코틴은 인류가 사용한 최초의 식물성 농약이었습니다.

쓴맛에 대한 이야기로 돌아가 보죠. 우리는 도토리묵을 맛있게 먹을 수 있지만 도토리는 먹을 수 없습니다. 이것은 도토리에 탄닌이라는 알칼로이드가 다량 포함되어 있기 때문입니다. 과일의 경우에도 다 익은 과일은 달고 맛있지만 덜 익은 과일은 시거나 쓰고 맛이 없는 경우가 많습니다. 덜 익은 과일이 알칼로이드를 많이 포함하고 있기 때문입니다. 식물의 입장에서는 다 익은 과일은 동물이 먹고 씨를 퍼뜨려 주면 좋지만 아직 씨가 완성되지 않은 과일은 먹어 버리면 손해이기 때문에 이러한 방법을 발달시킨 것입니다. 아이들이 쓴 야채를 먹기 싫어하는 것은 독성 식물을 피하기 위해 진화의 과정에서 얻어진 것으로 자연스러운 것입니다. 아이들이 콩을 싫어하는 것도 콩이 알레르기를 유발할 가능성이 많기 때문입니다. 따라서 아이들에게 달면 삼키고 쓰면 뱉는다고 너무 꾸중할 일은 아닌 듯합니다.

# 백색의 치명적인 유혹, 설탕

　　과자나 사탕은 탄수화물로 구성되어 있는데, 탄수화물은 몸을 구성하는 3대 영양소 중의 하나입니다. 따라서 과자나 사탕 자체에 문제가 있는 것은 아닙니다. 이렇게 중요한 영양소를 공급하는 과자나 사탕이 문제가 되는 것은 필요한 양보다 너무 많이 먹기 때문입니다.

　　특히 문제로 지적되는 것은 과자나 사탕에 단맛을 제공하는 설탕입니다. 설탕은 탄수화물의 일종인 당류에 속하는 이당류 식품입니다. 이당류는 두개의 당이 결합한 물질이라는 뜻으로 단당류인 포도당과 과당으로 이루어져 있습니다. 설탕은 몸의 에너지원으로 그 자체가 나쁜 물질은 아닙니다. 하지만 아이들이 먹는 과자 속에 들어 있는 설탕을 아주 강도 높게 비난하는 사람들도 많습니다. 심지어 백색의 공포라 불리는 마약과 같이 설탕도 인체에 치명적인 흰색 가루로 취급하기도 합니다.

■ '인류 최초의 천연감미료'로 불리는 설탕은 사탕수수를 베어내 즙을 짠 후 불순물을 걸러내는 과정을 거쳐 만들어집니다. 원액을 끓여 결정을 만들고 이 결정을 원심분리기로 분리하면 원료당이 됩니다. 우리나라에서는 이 원료당을 수입해 설탕을 만듭니다.

이는 정제된 흰색 설탕이 마약과 겉모양뿐만 여러 가지 측면에서 유사성을 지니기 때문입니다. 설탕이나 마약 모두 초창기에는 인체에 필요한 약처럼 사용되었지만 세월이 흘러 '정제 과정'을 거치면서 남용으로 인한 문제가 발생하게 되었습니다. 또한 설탕의 역사를 보면 마약의 역사와 같이 탐욕스러운 정복자들의 과욕에 의해 수많은 원주민들이 희생당한 사례가 많았습니다. 아편 때문에 전쟁이 일어났듯이 설탕 때문에도 전쟁이 일어났습니다. 흔히 미국의 독립전쟁이 차(茶) 때문(보스턴 차 사건)이라고 알고 있지만 사실은 설탕 때문이라는 이야기도 있습니다. 18세기 영국은 프랑스와 7년 전쟁을 하는 동안 막대한 전비를 사용해 전쟁에 승리하고도 재정이 궁핍한 상황이었습니다. 이를 타개하기 위해 식민지였던 미국에 각종 세금을 부과하고 프랑스 식민지에서 생산된 값이 싼 설탕 대신 영국 식민지에서 생산된 설탕을 수입하도록 당밀조례를 통해 높은 관세를 물리자 이에 대한 반감으로 영국과의 전쟁이 촉발되었다고 합니다. 당밀조례에 의해 영국에 대한 식민지 미국 사람들의 반감이 이미 최고조에 달했을 때 보스턴 차 사건이 도화선으로 작용했다는 것입니다.

또한 십자군 전쟁에서 용맹한 사라센의 전사들이 설탕 때문에 무기력해져 전쟁에서 패했다고 주장하는 학자도 있습니다. 여하튼 분명한 것은 설탕을 얻기 위해 서양인이 자본과 기술을 제공하고 열대에 강한 원주민과 이주노동자의 값싼 노동력을 이용해 단일경작을 하는 기업적 형태의 사탕수수 플랜테이션 농업이 생겨났으며, 이를 위해 노예무역이 성행하는 등 설탕은 많은 사람의 목숨을 앗아가며 세계사에 많은 영향을 주었다는 것입니다. 이러한 역사의 어두운 그림자 때문일까요, 많은 연구자들이나 일반인들은 설탕을 매우 해로운 음식이라고 생각합니다.

　물론 단순히 역사적 배경 때문에 사람들이 설탕을 꺼려하는 것은 아닙니다. 생물학적인 이유도 있죠. 설탕을 먹게 되면 순식간에 혈당치가 높아지고 뇌에서는 혈당치를 낮추기 위해서 인슐린을 분비하라는 신호를 췌장으로 보내게 됩니다. 인슐린의 기능이 원래 혈당치를 낮추는 역할이기 때문에 이러한 일이 일어난다고 해서 몸에 무리가 가는 것은 아닙니다. 하지만 장기적으로 계속 설탕을 다량 섭취하면 과도한 인슐린 분비로 몸에 무리가 갑니다. 이러한 일이 반복되다 보면 부신(副腎)이 손상을 입고 결국 당뇨병이라는 무서운 병에 걸리게 됩니다.

　많은 마약들은 실험실에서 합성된 것이 아니라 자연에 존재하는 것들입니다. 이러한 천연 마약들은 이미 오랜 옛날부터 원주민들, 특히 주술사에 의해 널리 사용되던 것들이었습니다. 대부분의 마약들이 원주민들에 의해 활용되었을 때 심각한 부작용을 일으키는 경우는 그리 많지 않았습니다. 문제는 이를 현대 과학기술로 정제하여 고농도로 섭취하면서 심각한 부작용이 발생하기 시작했다는 것입니다. 설탕 또한 마찬가지로 사탕수수나 사탕무를 즙의 형태로 섭취할 때는 다양한 무기질 성분이 남아있고, 대량의 설탕을 섭취할 수 없기 때문에 큰 문제가 되지 않았습니다. 하지만 정제 기술의 발달로 사탕수수나 사탕무에서 100% 설탕을 정제하고부터 사람들은 미네랄 없는 당만을 섭취하게 되었습니다. 이러한 설탕을 장기간 섭취하면 당뇨뿐 아니라 충치와 함께 비만도 생기게 됩니다. 따라서 이제는 설탕을 '백색의 공포'라 부르며, 독극물로 취급하는 상황이 되었습니다.

이러한 설탕에 대한 공포 때문에 현대에 와서는 사카린이나 아스파탐과 같은 인공 감미료가 등장하게 됩니다. 최근 우리나라에서는 선풍적인 인기를 끌고 있는 자일리톨 껌 속의 자일리톨 또한 감미료의 일종입니다. 자일리톨은 감미료 분야에서 성공한 경우에 속합니다. 자일리톨은 청량감을 주고 특히 충치 예방 효과가 있어 인기가 높습니다. 자일리톨의 청량감은 입안에서 녹을 때 주변의 열을 흡수하는 흡열반응을 일으키기 때문에 시원함을 느끼게 하는 것입니다. 하지만 이러한 자일리톨도 쥐 실험에서는 다량 섭취시에 문제를 일으켰습니다. 실생활에서 많은 자일리톨을 한꺼번에 섭취할 가능성이 거의 없기 때문에 이를 문제 삼지 않을 뿐입니다.

## 웰빙 시대 과자의 요건

이와는 달리 설탕을 대체하기 위한 일부 인공 감미료는 여러 가지 문제를 일으키고 있어 근본적인 대안이 되지 못하고 있습니다. 한때 약으로도 사용되었던 설탕이 백색의 공포로 돌변한 것은 너무 과량을 섭취했기 때문입니다.

## 식품업자라고 불리는 현대판 마녀들

마녀의 과자를 먹으려다가 헨젤과 그레텔은 목숨을 잃을 뻔했습니다. 하지만 식품 영양학자의 입장에서 본다면 마녀가 구운 과자는 웰빙 식단에 들어갈 수 있을 정도로 좋은 음식일 것입니다. 왜냐하면 마녀는 농약이나 여러 가지 식품 첨가물을 사용하지 않고 유기농 농산물을 사용해 과자를 만들었을 것이기 때문입니다.

오늘날 슈퍼마켓에서 파는 많은 음식들에는 수많은 인공 첨가물들이 들어 있습니다. 『위험한 식탁』의 저자 존 험프리스는 영국 서섹스 대학교의 에릭 밀스톤 교수의 말을 빌려 현재 최소 3,850종의 식품 첨가물이 사용되고 있고 보통 사람이 매년 먹는 첨가물의 양은 4kg이나 된다고 주장했습니

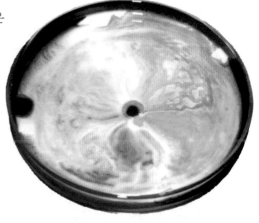

■ 우유에 넣은 갖가지 인공 색소.
인공 식품 첨가물, 특히 인공 색소는 끊임없이 유해성 논란이 제기되고 있습니다.

다. 문제는 이렇게 많은 식품 첨가물의 안전성이 확보되지 않았다는 점입니다.

요즘은 중국에서 들어오는 불량 농수산물이나 비위생적인 제조공정 때문에 먹을 것이 없다고 걱정하는 사람이 많습니다. 이러한 불량 식품에 대한 우려뿐만이 아니라 '값비싼 유기농 식품만 먹어야 하는지' '육식은 과연 몸에 해로운지' '비타민 알약을 먹어야 하는지' 등등 먹을거리에 대한 사람들의 관심은 어느 때보다 높습니다. 과연 무엇을 먹어야 할까요?

유기농 식품이 좋다는 것은 이젠 상식입니다. 하지만 값비싼 유기농 식품을 고집하는 것보다는 꾸준히 신선한 과일과 야채를 많이 먹는 것이 더 중요합니다. 일반적으로 농약 걱정을 많이 하는데 농약은 대부분 수용성이 많기 때문에 흐르는 물에 충분히 씻어 주면 크게 염려할 만큼 남아 있지 않습니다. 물론 몸에 해롭지 않다는 뜻은 절대 아닙니다. 단지 농약 걱정으로 과일이나 야채 먹는 것을 꺼리는 것보다 많이 먹는 것이 좋다는 의미일 뿐입니다.

채식주의자들은 일부 스포츠 선수들이 채식을 하고 건강하게 활동한다는 점을 들어 전적으로 채식만 하는 것이 좋다고 주장하지만 완전한 채식위주의 식단이 꼭 옳은 식단이라고 할 수는 없습니다. 각종 야채와 나물이 풍부한 소위 웰빙 식단을 장기간 실행하려고 한다면 단백질 섭취 방안도 함께 강구해 두고 실시하는 것이 좋을 것입니다. 그렇다고 육식이 더 좋다는 의미는 아닙니다. 육식을 통해 양질의 단백질과 철분을 얻고, 야채와 과일을 통해 각종 비타민과 미네랄, 섬유소를 섭취하는 것이 좋다는 것입니다. 특히 비타민C의 경우에는 몸에서 합성할 수 없습니다. 인류의 조상들이 주로 비타민C가 많은 과일을 먹고 살았기 때문에 비타민C를 몸에서 자체적으로 합성하는 능력을 상실하게 되었을 가능성이 많습니다. 때문에 꼭 신선한 과일과 야채를 통해 섭취해야 합니다.

현대 식단은 원시 조상들이 직면했던 문제와 반대의 이유 때문에 문제시 되고 있습니다. 우리는 비타민이 필요하다는 것을 알기 때문에 각종 비타민이 첨가된 음식을 구입하거나 알약으로 보충합니다. 하지만 한스

21세기 엄마들의 걱정

혁~ 먹을 것이 없다.

배고 파아~

안녕 난 *말라카이트야.

* 말라카이트는 수조에 이끼 같은 것을 제거할 때 쓰는 수산약품입니다. 양식장의 환경정화를 위해 사용했다가 양식물고기가 오염돼 물의를 일으킨 바 있습니다.

내 뱃속에 납덩어리가…

울리히는 『비타민 쇼크』에서 비타민
부족에 의한 질병보다는 비타민 과
다에 의한 문제가 더 많다고 지적합니
다. 현대인들은 다양한 먹을거리를 통해 충분한 양의
비타민을 섭취합니다. 특히 많은 식품 업체에서 자사 제품의
우수성을 강조하기 위해 제품에 첨가물로 비타민과 미네랄을 집어
넣는 경우가 많습니다. 따라서 비타민 부족으로 병이 생기는 경우는 거의
없습니다. 불과 십여 년 전만 해도 학생들은 교과서에 비타민 결핍증에 대
한 도표를 외웠던 적이 있었습니다(물론 시험에 많이 나왔기 때문입니
다). 하지만 이제 이러한 도표를 외울 필요가 없을 만큼 우리의 식단은 많
이 향상되었습니다. 울리히는 비타민이 부족하기 때문에 알약으로 먹어야
건강해질 수 있다고 강조하는 것은 비타민 제조회사들뿐이라고 합니다.

## 그레텔의 생존비법, 적게 먹고 많이 움직이기

마녀는 헨젤과 그레텔을 과자로 만든 집으로 유혹해서 생포합니다.
그리고 오빠인 그레텔을 가두어 놓고 많은 음식을 먹여 살을 찌우려고 합
니다. 그레텔이 잡아먹기에 너무 말랐기 때문에 살을 찌워서 잡아먹으려
는 것입니다. 마녀의 이러한 계략을 알았던 헨젤은 눈이 나쁜 마녀에게 오
빠의 손 대신 뼈다귀를 내놓는 재치를 발휘합니다. 하지만 이러한 재치도
마녀의 인내심에 한계가 오자 소용없게 됩니다. 결국 그레텔을 잡아먹으

려는 마녀를 헨젤이 물리치고 남매는 마녀의 집을 탈출하게 됩니다.

만약 헨젤과 그레텔이 요즘 아이들과 같이 뚱뚱했다면 아마 마녀에게 바로 잡아먹혔을지도 모릅니다. 오누이가 살아난 데는 뚱뚱하지 않은 몸매 덕이 컸다고 할 수 있을 것입니다. 성 아우구스티누스는 인간의 죄악 7가지 죄목을 지정했습니다. 탐욕, 나태, 시기, 정욕, 교만, 분노 그리고 탐식입니다. 정통 기독교에서는 비만을 죄악시 하지는 않았지만 게걸스럽고 탐욕스럽게 먹는 탐식은 죄와 같다고 여겼습니다. 이러한 분위기는 이 동화 속에서도 마구 먹게 되면 마녀에게 잡혀 먹힐 수 있다는 식으로 전달되고 있습니다.

우리는 흔히 비만이 현대인의 병이라고 생각하지만 비만의 역사는 오래 되었습니다. 따라서 비만이 현대에 와서 새롭게 등장한 것은 아니라는 것입니다. 하지만 비만이 최근 들어 중요한 사회문제로 등장한 이유는 무엇일까요? 이는 마녀가 그레텔을 살찌우기 위해 사용한 방법에서 그 힌트를 얻을 수 있습니다. 즉, 운동 부족과 과다한 영양 섭취입니다. 마녀는 그레텔을 가두어 둠으로써 운동량이 부족하게 만들었고, 헨델을 시켜 계속 음식을 가져다줌으로써 필요 이상으로 먹게 했습니다. 살이 찐다는 것은 너무 많이 먹거나 너무 안 움직이는 이유로 나타나는 공통사항입니다. 몸에서 필요한 열량보다 많이 섭취한 것이 쉽게 몸 밖으로 빠져나간다면 좋겠지만 그렇게 되지 않습니다. 먹는 양이 많아지면 섭취한 에너지가 늘어나 남는 에너지는 모두 살(피하지방)로 가게 됩니다.

많이 먹는 것을 권장하는 사회 분위기에서는 필요한 열량보다 많은 양의 음식을 먹기 쉽습니다. '빅'이나 '라지' '더블'과 같은 수식어가 붙어 있는 햄버거나 극장용 팝콘은 사람들이 보다 많이 먹도록 유혹합니다. '한 판 더' '한 마리 더'와 같이 같은 가격에 더 많은 양을 준다는 것을 자랑스럽게 광고하는 것도 어렵지 않게 볼 수 있습니다. 이와 같이 우리는 비만을 두려워하면서도 한편으로는 더 많이 먹기를 권하는 이상한 세상에 살고 있는 것입니다. 이 두 가지 모두를 강조함으로써 이윤을 얻는 것은 대부분 거대 기업들뿐입니다.

마술과 과학의 경계에는
무엇이 있을까?

인류의 역사에서 과학이 불쑥 등장한 것이 아니라는 것은 분명합니다. 대부분의 과학자들은 과학의 출발점을 고대 그리스의 자연철학에서 찾습니다. 탈레스와 같은 자연철학자들은 자연의 질서를 초자연적인 힘과 절대적인 존재를 배제하고 이성에 의한 합리적인 설명 방법을 통해 설명하려고 했습니다. 이러한 설명 방법은 오늘날의 과학자들이 자연을 탐구하는 방법과도 크게 다르지 않기 때문에 과학의 출발점을 이들에게서 찾는 것입니다. 초자연적인 힘이나 절대적인 존재(신이나 정령)에 의존하는 것은 그것이 아무리 과학적인 표현을 사용하고 있다고 하더라도 과학이라 불리기 어렵습니다. 따라서 "인류는 주술에서 종교로, 나아가 과학으로 자연스럽게 발전해 나간다."라고 했던 19세기 프랑스 철학자 콩트(Auguste Comte)의 생각은 현대에 와서는 받아들여지지 않고 있습니다.

그렇다면 동화 속 자주 등장하는 마법과 과학은 어떤 관계에 있을까요? 현실의 이론이 어떻든 동화 속 등장하는 마술은 우리의 마음을 사로잡기에 충분합니다. 마술과 과학의 경계에 어떤 것이 있는지도 매우 궁금합니다. 자 마술과 과학의 경계에 무엇이 있는지 그 베일 속으로 함께 들어가 볼까요.

## '과자로 집짓기' 성공할 수 있을까?

'아이들이 과자나 캔디에 약하다.'는 사실을 간파한 『헨젤과 그레텔』의 마녀는 똑똑하다고 평가할 수 있습니다. 하지만 아이들이 좋아한다는 이유로 과자로 집을 짓겠다고 마음 먹은 마녀가 가히 현명하다고는 할 수 없을 것입니다. 이유는 과자로 만든 집에는 치명적인 결함이 있기 때문입니다.

옛날부터 집을 짓는 데는 나무나 돌이 많이 사용되었습니다. 이는 이 재료들을 주위에서 쉽게 구할 수 있기 때문이기도 했지만 이 재료들이 집을 짓기에 적당한 특성을 가지고 있기 때문입니다. 집을 짓는 데 적당한 특성이란 뭘까요? 집을 짓는 데 사용되는 나무나, 과자를 만드는 데 사용되는 밀가루는 모두 포도당이라는 단당류가 모여서 된 물질입니다. 그 점

■ 과자의 원료인 밀가루는 쉽게 분해되고 물에도 약해 일반 집과 비교해서 견고성에서 매우 떨어집니다.

에서 두 물질은 다를 바가 없습니다. 하지만 목재는 몇 층짜리 건물을 지을 수 있을 만큼 튼튼하지만 밀가루는 그렇지 못합니다. 이는 목재를 구성하는 섬유소라고 불리는 셀룰로오스(cellulose, 섬유소)가 밀가루의 주성분인 전분(녹말)보다 훨씬 안정적이기 때문입니다. '안정적이다'는 뜻은 '쉽게 분해되지 않는다'는 뜻입니다. 안정된 물질은 쉽게 분해되지 않기 때문에 건축 재료로 사용하기에는 좋습니다. 반면 인간이 먹어서 소화를 하기는 어렵습니다. 따라서 전분은 먹을 수 있지만 목재는 먹을 수 없는 것입니다.

이와 같이 물질이 어떻게 결합하는가에 따라서 얼마나 튼튼한지가 결정됩니다. 일례로 가장 단단한 물질인 다이아몬드나 연필심을 이루는 흑연은 모두 탄소로 이루어져 있습니다. 탄소가 결합하는 방식에 따라 가장 단단한 물질인 다이아몬드가 될 수 있고 무른 흑연이 될 수도 있는 것입니다. 이렇듯 세상의 모든 물질의 모양과 형태를 결정짓는 것은 바로 원자의 결합 방식입니다. 탄소에 수소와 산소, 그 외에 몇 가지 원소를 적당히 배합하여 결합시키면 사람이 됩니다. 물론 사람은 이러한 단순한 원자들의 총합 이상의 존재이기는 합니다만 원자의 구성은 보다 단순합니다.

마녀가 만들었다는 과자로 만든 집은 지붕과 심지어 굴뚝 등 모든 것이 과자로 되어 있을 것입니다. 반면 인간이 만든 벽난로와 굴뚝은 모두 돌로 만들어져 있습니다. 돌은 규소와 산소 그리고 일부 금속 원소로 되어 있습니다. 이와는 달리 과자의 주 성분인 전분은 탄소와 수소, 산소로 이루어져 있습니다. 전분과 같은 물질에 탄소가 포함되어 있는 것을 유기물이라고 부르는데 유기물은 결합력이 크지 않기 때문에 조금의 열을 가해

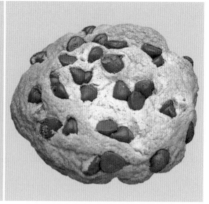

■ 석탄과 초코칩 쿠키는 모두 탄소를 뼈대로 수소와 산소, 질소로 이루어진 유기물입니다. 하지만 원자들의 결합 방식이 달라서 하나는 딱딱한 석탄이 되고 하나는 맛있는 쿠키가 됩니다.

도 쉽게 분해되고 많은 열량을 내놓습니다. 따라서 유기물은 동물의 먹이 뿐 아니라 연료로도 사용됩니다. 일례로 과자뿐 아니라 기름이나 가스도 모두 유기물입니다. 만일 유기물로 만들어진 과자 굴뚝을 두고 나쁜 마녀 가 그레텔을 구워먹기 위해 아궁이에 불을 지폈다가는 마녀는 과자로 만 든 소중한 집이 홀랑 타버리는 아픔을 겪게 될 것입니다.

　다음으로 과자로 만든 집이 과연 사람이 살 수 있을 정도로 튼튼할지 의심을 가져볼 수 있습니다. 집은 튼튼하게 짓지 않으면 무너질 수 있습니 다. 이는 지구에 있는 모든 물체를 끌어당기는 중력이 작용하기 때문인데 요, 사실 중력이 작용하지 않았다면 엄청나게 높은 빌딩도 쉽게 지을 수 있을 것입니다. 나무로 지은 63빌딩, 상상만으로도 환상적이라고 생각됩 니다. 하지만 아쉽게도 지구에는 중력이 작용하기 때문에 약한 재료로는 높은 건물을 지을 수 없습니다. 따라서 인류도 19세기 말에 이르러서야 철 골 구조라는 방법을 통해 건물을 지을 수 있게 되면서 고층 빌딩을 지을 수 있게 되었습니다.

그렇다면 전분을 가지고는 집을 지을 수 없을까요? 물론 지을 수는 있습니다. 오래된 밀가루나 설탕은 공기 중의 수분을 빨아들여서 마치 돌처럼 딱딱하게 됩니다. 같은 이유로 빵은 말랑말랑하게 만들 수도 있지만 비스킷같이 딱딱하게 만들 수도 있습니다. 사탕은 여러분이 알다시피 매우 딱딱합니다. 이와 같이 딱딱한 재료를 사용해서 벽의 기둥을 세우고 지붕은 가볍고 질긴 빵으로 장식을 한다면 집을 만드는 것이 불가능한 것은 아닙니다. 하지만 일장일단(一長一短)이 있듯이 빵을 딱딱하게 만들면 건축을 하기는 좋아도 먹기는 너무 힘들어집니다. 과자로서 가치가 전혀 없다는 것입니다. 빵이나 비스킷이 만들어질 때 부풀어 오르는 것은 반죽 속의 수증기나 이산화탄소와 같은 기체 성분 때문입니다. 부풀어 오르게 되면 부드러운 느낌을 주겠지만 조직이 성글게 되어 강도가 많이 떨어져 집을 짓는 재료로 사용하지는 못하게 됩니다. 이가 부러질 정도로 단단한 과자라도 상관없다면 과자로 만든 집을 지을 수는 있겠지만 먹을 수 없는 과자로는 아이들을 유혹하지는 못하겠네요.

가장 결정적인 문제는 물에 있습니다. 과자는 비가 오면 물을 흡수하여 물 속으로 녹아들게 됩니다. 빵의 경우에는 공기 중의 수분을 흡수하면 반죽처럼 흐물흐물 힘이 없는 상태로 돌아가 버립니다. 결국 나쁜 마귀할멈의 계략은 이루어지기 어렵게 됩니다.

2001년 세계에서 가장 높은 건물 중의 하나로 꼽히는 미국의 무역센터가 테러에 의해 무너지는 안타까운 일이 있었습니다. 이러한 사고가 아니라면 현대의 고층 건물들은 잘 무너지지 않습니다. 이렇게 높은 건물을 올릴 수 있게 된 것은 많은 실패가 있었기 때문입니다. 많은 기술자들은 선배 기술자들의 실수를 바탕으로 새로운 기술을 개발했습니다. 이렇게 공학사적인 측면에서 본다면 과자를 재료로 집을 짓고자 한 마녀도 실패한 공학자의 대열에 포함시켜야 할지도 모르겠습니다.

## 마녀가 세상에 어딨어? 어딨어!

마녀는 많은 동화에서 악역으로 자주 등장합니다. 동화 속에 등장하는 마녀에는 착한 마녀와 나쁜 마녀가 있는데, 둘의 구분은 어렵지 않습니다. 하나같이 동화책 속의 착한 마녀는 젊고 아름다운 모습을 하고 있고, 나쁜 마녀는 늙고 못생긴 모습을 하고 있습니다. 『오즈의 마법사』에 등장하는 마녀의 구분이 그 전형이라 할 수 있습니다. 아이들에게 마녀의 모습을 물어 본다면 틀림없이 사마귀가 난 매부리코에 망토와 모자를 쓰고, 손톱은 길다고 표현할 것입니다. 또한 허리는 구부러져 있으며, 빗자루를 타고 마법의 약을 사용한다고 할지도 모릅니다. 이러한 마녀의 모습은 모든 동화에 나오는 것 같지만 사실은 이러한 모습의 원형은 미국 디즈니의 만화 속에서 만들어졌습니다. 지금 우리가 알고 있는 드라큘라와 늑대인간의 모습이 할리우드에서 만들어낸 모습인 것과 마찬가지입니다.

중세 시대부터 간간이 일어난 마녀 재판은 1484년 교황 이노센트 8세 (Innocent VIII)는 소위 '마녀박멸 교서'로 불리는 '최대의 관심을 가지고 바람(Summis desiderantes affectibus)'이라는 교서를 내림으로써 전

유럽에 걸쳐 공식적으로 벌어지게 됩니다. 우리는 '중세의 암흑기'라는 말을 통해 마녀 재판이 중세에 많이 행해졌다고 생각하지만 사실은 중세말기에서 르네상스 시대에 접어들면서 본격적으로 마녀 재판이 일어났습니다. 마녀 재판의 절정기는 1560~1660년이었는데, 이 기간 중에는 전 유럽이 광기에 사로잡혔다고 할 만큼 많은

■ 고야의 「마녀의 집회(The Witches Sabbath)」
무시무시한 밤, 악마에게 영혼을 파는 마녀들이 모여 있습니다. 고야는 1년에 한 번 열린다는 악마의 연회, 사바트를 상상해 그림을 그렸습니다.

재판이 벌어졌습니다. 이러한 일이 벌어진 것은 교회의 권력 쇠퇴와 때를 같이 하며, 종교 전쟁이 벌어진 지역에서 특히 심했습니다. 마녀 재판에 관한 조사 기록은 엄청나게 많이 남아 있지만 대부분 고문에 의한 허위자백이나 조사관의 상상에 의해 조작된 것입니다. 조사관들은 악마의 흔적을 찾는다는 핑계로 온몸을 바늘로 찔러댔는데 이러한 고통을 견뎌내고 결백을 주장할 사람은 많지 않을 것입니다.

조사관들은 그 당시 널리 퍼져 있는 악마와 마녀의 관계에 대한 선입

견을 가지고 있었는데 그들은 마녀들이 1년에 한 번씩 마녀들의 모임인 사바트(Sabbath, 유대교에서는 '안식일'을 의미하지만 1년에 한 번씩 열리는 마녀들의 집회를 가리킬 때도 사용합니다)를 통해 악마들과 음란한 성행위를 한다고 생각했습니다. 사바트에서 마녀들은 빗자루를 타고 날아다니기도 하고 아이들을 제물로 바치며 심지어 잡아먹기도 한다고 생각했습니다. 이러한 생각을 가진 많은 사람들은 마녀를 두려워했고, 마녀 재판

## ⚇ 우리의 생활 속 마녀는 누구?

을 통해 10만 명이 넘는 죄 없는 사람들을 마녀로 몰아서 죽였습니다. 고발의 대상은 남녀노소를 가리지 않았지만 대체로 노인들이 많았습니다. 이는 노인들이 거동이 불편하여 외부와 단절된 생활을 하는 동안 비사교적이 되어 관리들의 눈밖에 나는 경우가 많았기 때문입니다.

뱀파이어나 늑대인간에 대한 이야기들이 과장된 상상력의 산물이듯이 사바트 또한 그러했습니다. 사바트에서 환각성분이 들어있는 비행 연고(물론 하늘을 날지는 못했지만 연고 덕분에 환각에 빠져들어 자신이 날았다고 믿기도 했습니다)가 발라진 빗자루를 타고 뛰어다니기는 했지만 아이를 잡아먹는 경우는 없었습니다. 그렇다고 마녀가 이야기 속에만 존재하는 것은 아닙니다. 우리나라의 경우 오늘날에도 무속인이 존재하듯이 서양에도 마녀는 지금도 존재합니다. 언뜻 점집에서 쌀이나 젓가락으로 점을 보듯이 수정구슬로 점을 치는 사람을 마녀라고 볼 수도 있지만 마녀들이 이러한 일만 했던 것은 아닙니다. 오컬트(occult), 즉 비학(秘學)과 관련된 일을 행하거나 연구하는 사람은 요즘도 마녀나 마법사라고 불립니다. 비학에는 점성술이나 연금술, 강신술과 심령술 등이 포함됩니다.


## 마법과 과학의 구분이 시작되다


과학의 기원을 종교에서 찾기는 어렵지만 마법이나 주술에서 찾는 것은 가능한 일입니다. 중세 학자의 상당수는 마법사(연금술사)와 과학자를 겸하는 경우가 많았습니다. 마법은 초자연적인 힘을 다루는 자연적인 마법과 정령을 불러내는 악마적인 마법으로 구분할 수 있습니다. 특히 자연적인 마법의 경우 과학과의 구분이 어려워 과학과 마법이 혼재한 경우가 많았습니다. 하지만 과학과 마법이 혼재했던 시기가 있었다고 해서 과학과 마법이 같은 것은 절대 아닙니다. 또한 마법이 과학으로 바뀐 것도 아니라는 것을 분명히 기억해야 합니다.

과학과 자연적인 마법이 자연현상을 연구했다는 데 공통점을 가지지만 자연현상에 대한 해석 방법은 전혀 달랐습니다. 점성술(astrology)의 경우 메소포타미아에서 시작되어 후일 천문학(astronomy)으로 발전하였다고 알고 있는 사람들이 많습니다. 하지만 엄밀하게 말하면 점성술과 천문학이 혼재했다가 후일 천문학이 확실한 영역을 가지면서 완전히 두 영역이 분리되었다고 보는 것이 옳을 것입니다. 프톨레마이오스(Ptolemaeos)는 코페르니쿠스(Nicolaus Copernicus) 이전에 가장 뛰어난 천문학자의 한 사람으로 서양 고대 천문학을 집대성한 『알마게스트(Almagest)』의 저자이기도 합니다. 프톨레마이오스는 위대한 천문학자이기도 했지만, 『테트라비블로스(Tetrabiblos)』라는 점성술 책을 지어 점성술을 발전시키는 일도 했습니다. 그는 천문학자인 동시에 점성술가였습니다. 이러한 일이 가능했던 것은 아리스토텔레스(Aristoteles)의 영향이 컸는데 아리스토텔레스는 천체의 운동이 지상에 영향을 준다고 생각했으며, 이러한 생각이 점성술을 정당화시키는 근거가 되었습니다. 점을 치는 데 사용되는 수정 구슬을 유행시킨 장본인도 바로 아리스토텔레스였습니다. 이러한 영향을 받은, 지구를 중심으로 태양계의 행성들이 움직인다는 프톨레마이오스의 이론은 코페르니쿠스가 나타나기까지 당연한 것으로 받아들여졌습니다.

In venetia, appresso Giordano Ziletti.
M. D. LXIX.

■ 프톨레마이오스의 『알마게스트』(좌)와 『테트라비블로스』(우).
  서양 고대 천문학자인 프톨레마이오스는 천문학뿐만 아니라 점성술에 관련된 책을 저술하기도 했습니다.

점성술이 일찍부터 발달한 것은 이를 연구한 점성술가들이 당시의 고위 관직을 가질 수 있었기 때문입니다. 점성술을 위해 그들은 행성들의 움직임을 연구했고, 이를 점을 치는 데 사용했습니다. 중세로 넘어오면서는 달의 위상과 같이 관찰하기 쉬운 것을 대상으로 하는 점성술이 흔해졌습니다. 일식과 월식에 특별한 힘이 작용해 보름달이 뜰 때 늑대인간이 나타난다고 생각했던 것은 모두 이러한 점성술과 관계가 있습니다.

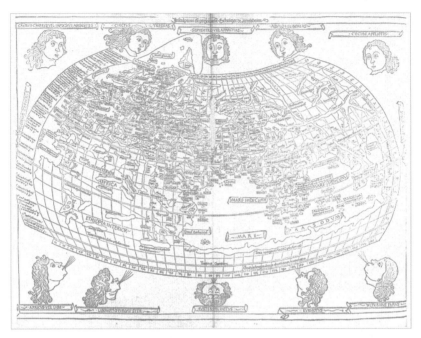

■ 고대 서양인들이 작성한 지구의 지도.
　고대 서양인들은 상상력과 지리학을 버무려 신비한 세계지도를 만들어 냈습니다.

## 과학과 비과학의 경계를 찾아서

　　고대 알렉산드리아는 그리스의 사상과 기술과 주술이 융합된 복잡한 도시였습니다. 그 도시의 금속 세공 기술은 외부로 유출되지 않았기 때문에 더욱더 신비주의적인 경향을 띠게 되었습니다. 이 비밀스러운 기술은 후일 연금술(alchemy)로 발전하게 되고, 연금술은 화학(chemistry)의 모태가 됩니다. 위대한 물리학자였던 뉴턴조차도 대부분의 시간을 연금술을 연구하면서 보냈다고 하니 연금술의 발견은 모든 과학자의 로망이었던 듯합니다.

일부 마법사들은 그들의 능력을 보여주기 위해 용액의 색깔을 바꾸거나 불꽃을 만들어내는 것과 같은 화학적인 방법을 사용하기도 했는데요. 평범한 금속을 귀금속으로 바꾸기 위한 연금술사들의 노력은 광석에서 금속 성분을 뽑아내거나 합금을 만드는 야금술(冶金術)의 발달과 화학물질의 발견에 많은 공헌을 합니다. 또한 마법사들은 환자를 치료하기 위해 효과적인 약초를 사용하는 지식을 알고 있었습니다. 실제로 대학교 교육을 받은 의사가 나타나기 전까지 치료사와 의사를 구분하는 것은 쉽지 않았습니다. 위대한 연금술사로 알려져 있는 파라셀수스(Philippus Aureolus Paracelsus)는 최초로 화학물질을 약품으로 사용한 의료 화학의 창시자입니다.

연금술이 화학으로 변화하게 된 데는 보일(Robert Boyle)의 공이 큽니다. 보일은 『회의적 화학자』(1661)라는 책을 통해 '현자의 돌'에 대한 믿음이 잘못된 것임을 주장하고, 연금술 연구에 엄밀한 과학적 방법을 도입함으로써 연금술 속의 초자연적인 요소를 제거하는 데 큰 역할을 했습니다. 이후 화학이 발달하면서 이제 연금술은 『해리포터와 현자의 돌(Harry Potter and the Philosopher's Stone)』과 같은 판타지에서밖에 등장하지 않게 된 것입니다[미국 번역판으로는 해리포터와 마법사의 돌(Harry Potter and Sorcerer's stone)로 번역이 되어 국내에도 이와

■ 위대한 연금술사로 알려진 파라셀수스. 의료 화학의 창시자로도 알려져 있습니다.

같이 소개가 되었습니다만 원저는 해리포터와 현자의 돌이 맞답니다).

점성술이나 연금술이나 모두 과학과 밀접한 관계를 가졌다는 것은 사실입니다. 하지만 이러한 비학들은 초자연적인 힘을 인정하는 형태의 것으로 엄밀히 과학은 아닙니다. 우리는 흔히 과학의 시대에 살고 있다고 말을 합니다. 스스로는 과학적으로 생각한다고 주장하는 사람들도 많습니다. 하지만 세상의 돌아가는 이치를 살펴보면 과연 우리가 그렇게 과학적으로 살고 있는지 의심스러울 때가 많습니다. 서점에 한번 가보세요. 천문학 책보다는 점성술 책이 더 많고, 검증도 되지 않은 대체의학에 관한 서적이 베스트셀러가 되어 팔리는 반면 의학서적은 구석에서 먼지만 쌓여가는 경우가 많습니다. 생명의 기원에 관한 책은 어디에 있는지 찾기도 힘들지만 외계인에 관한 책은 진열대가 부족할 정도입니다. 이러한 책

■ 박물관에 마련된 '연금술사의 연구실'.
유럽의 연금술박물관에서는 연금술사들의 연구실을 재현해 놓았습니다.

의 독자들은 중산층 이상의 대학교를 나온 사람들이 더 많습니다. 초능력이 존재하며, 외계인이 비행접시를 타고와 구원할 것이라고 믿는 이들도 있습니다. 난치병에 걸린 많은 사람들이 신앙치료를 받고 있으며, 최면요법이 효과가 있다고 생각합니다.

분명 마법의 세계에서 사람의 상상력은 자유로울 수 있습니다. 이러한 자유로운 상상력이 새로운 기술의 발견에 밑거름이 되기도 합니다. 또한 일상의 나른함을 잊게 해줄 마법의 세계가 필요할지 모릅니다. 하지만 허무맹랑한 이야기들이 가득한 비과학서들이 버젓이 과학 베스트셀러로 올라있는 현실은 참으로 안타깝게 느껴집니다. "놀라운 기술은 마법과 구분하기 어렵다."는 이야기에서 알 수 있듯이 우리들은 조상들이 마법의 세계에서나 상상했던 많은 것들을 과학의 힘으로 이루며 살고 있습니다. 고대 사람들이 비행기를 타고 하늘에서 내려온 우리를 봤다면 쇠로 만든 용의 배 속에서 천사들이 나타났다고 기록했을 것입니다.

## 잔인한 동화 속 진실 찾기

나쁜 마녀가 헨젤과 그레텔에게 과자의 집에 들어오는 것을 허락한 이유는 아이들을 살찌워서 잡아먹기 위한 것이었습니다. 이와 같이 과거 유럽에서는 악마를 숭배한 마녀들이 아이들을 잡아먹는다는 생각을 많이 했습니다. 따라서 많은 동화 속에 아이들을 잡아먹는 마녀의 이야기가 등장했습니다. 동화의 여파 때문일까요? 세계 곳곳, 많은 이야기들은 사람을 먹는 식인의 풍습이 존재했다고 증언합니다. 단지 마녀가 아이들을 잡아먹는다는 오해 때문에 식인에 대한 이야기가 생겨났다고 보기에는 '사람을 먹는 사람' 이야기는 너무 흔하게 등장합니다. 그렇다면 실제로 식인종이 존재하거나 존재했을까요?

그리스신화에는 자식을 잡아먹는 신 크로노스와 같은 인물이 드물지 않게 등장합니다. 그림형제의 대표적인 동화인『백설공주』에서 왕비는 공주를 죽이고 공주의 허파와 간을 먹으려고 합니다. 프랑스 동화의 아버지라 불리는 페로의 동화집에 등장하는『빨간 모자』나『잠자는 숲 속의 공주』에서도 식인 이야기가 등장합니다. 페로의 경우 자식들에게 들려주려고 이 이야기를 지었다고 했는데, 그의 동화집에서 식인 이야기가 등장하지 않는 것은『신데렐라』를 비롯한 단지 네 편밖에 없었습니다. 아이들을 위한 동화에 식인 이야기라니 놀라지 않을 수 없습니다. 역시나 그림형제가 동화를 썼던 시절에는 사람의 시체가 공공연하게 거래되는 경우가 많았고, 이를 약으로 사용하는 경우가 드물지 않았다고 합니다.

물론 과거나 현재에도 인육을 먹은 사람이 있다는 것은 분명 사실입니다. 하지만 어떤 목적(기아 극복이나 적의 사기 저하 등)을 위해 인육을 먹은 것이 아니라 일상적으로 상대방을 잡아먹은 식인풍습이 있었는지에 대해서는 인류학자들이나 고고학자들 사이에 의견일치를 보지 못하고 있습니다. 비서구 문명 가운데 상당수에 식인풍습이 있었다는 전통적인 견해에 대해 소수의 신세대 인류학자들은 지금뿐만 아니라 과거에도 일상적으로 사체를 먹는 문화는 없었다고 주장합니다. 이러한 식인풍습에 대한 인류학자들 사이의 논쟁은 20세기 초반부터 지금까지 끊이지 않았는데, 오래된 흔적에서 식인의 증거를 찾아내기가 매우 어렵기 때문입니다. 마치 육골분을 사료로 먹인 소가 광우병에 걸리듯이 인간도 서로를 잡아먹는 경우, 사체에서 전염된 질병인 쿠루병와 같은 병에 의해 단명할 수 있습니다. 또한 인간에게 프리온(Prion, 바이러스처럼 전염력을 가진 단백질

입자로 광우병이나 알츠하이머병의 주요 발병인자로 주목 받고 있습니다)에 대비한 면역체계가 있는 것으로 추정해볼 때 인간의 조상이 식인종이라고 주장하는 과학자도 있습니다. 흔히 식인의 증거로 제시되는 골수가 빠져나간 뼈나 인공적으로 손상이 가해진 해골 등은 강력한 식인의 증거로 제시되기도 했습니다. 하지만 한편에서는 해골이 풍화에 의해 손상을 받았다는 주장이 제기되는 등 한쪽의 손을 들어줄 수 있는 결정적인 증거가 아직 나오지 않고 있습니다.

인류학자 마빈 해리스(Marvin Harris)는 『식인과 제왕(Cannibals and Kings)』에서 멕시코의 아즈텍인들이 전쟁 포로를 신에게 바치는 인신공희(人身供犧)의 풍습을 통해 동물성 단백질 결핍을 해결했다고 주장합니다. 해리스는 아즈텍의 제사장의 중요한 역할은 바로 포로를 도살하는 것으로 종교 의식 후 희생자를 요리해서 먹었다고 기술했습니다. 식인종(cannibal)이란 단어는 콜럼버스가 만났던 서인도 남아메리카의 토착민을 뜻하는 카리브인(Carib)에서 기원한 것입니다. 마틴 가드너는 『아담과 이브에게는 배꼽이 있는가』라는 책에서 콜럼버스가 카리브인들의 이웃 부족인 아라와크인(Arawaks)들에게서 카리브인이 사람을 먹는다고 전해 듣고 그의 기록에 카리브인이 사람을 먹었다고 남겼다고 밝혔습니다. 이렇듯 식인풍습에 대한 이야기는 서양의 탐험가들이 지어낸 이야기이거나 지역 부족들에게 들은 이야기를 단순히 기록한 것일 가능성이 많습니다. 또는 서양의 학자들이 자신이 다른 미개 부족들보다 우수한 문화를 가지고 있다고 주장하기 위해서 꾸며낸 것일 수도 있습니다. 앞에서 이야기했던 마녀의 의식 중 아이를 먹는 행위는 기독교도들이 상상했던 악마의 모습에 마녀를

오버랩시킨 것에 불과한 것일
수도 있습니다. 장례 관습과
식인 현장을 구분하지 못하
는 인류학자들로 인해 똑같
은 증거에 대한 의견도 분
분합니다. 식인풍습에 대한
어떤 확실한 증거가 발견되기 전
까지는 이에 대한 논란은 계속 이어
질 것으로 보입니다.

　　동화 속에서는 부모가 아이들을 내다버리는 것에 대한 도덕적인 책임
을 면하기 위해 아이들이 겪는 고통의 대부분을 계모나 계부의 책략에 의
한 것이라고 이야기합니다. 나중에는 계모로 바꾸어 그 죄를 전가시키지
만 친모에서 계모로 바뀌었다고 그 죄가 가벼워지는 것은 아닙니다. 먹을
것이 떨어지자 아이를 내다버린 것이 계모냐 친모냐 하는 것이 중요한 것
이 아니라 그러한 일이 동화에 자연스럽게 등장할 만큼 당시에는 이런 일
이 드문 것이 아니었다는 것입니다. 성경에 등장하는 모세, 로마의 건국신
화에 등장하는 로물루스의 이야기나 『정글북』의 모글리와 〈밀림의 왕자
타잔〉에 이르기까지 버려진 아이가 주인공으로 등장하는 이야기는 많이
있습니다. 이처럼 이야기 속의 아이들은 다시 문명사회로 돌아오면서 영
웅이 되지만 현실은 그렇지 못했습니다. 많은 이야기와 동화 속에 아이를
내다버리는 장면이 많이 등장하는 것은 당시의 암울한 시대 상황을 잘 말
해 주는 것입니다.

인간이 가질 수 있는
최고의 기술

그림형제의 『꾀 많은 사 형제』는 기술을 통해 살아가는 법을 배우는 사 형제가 그려집니다. 사 형제를 둔 가난한 아버지는 아들들에게 세상으로 나가서 기술을 배워오라고 이야기하고 이로부터 사 형제의 모험이 시작됩니다.

사 형제는 뛰어난 스승들을 만나서 세계 최고의 기술들을 배워 옵니다. 마침 사 형제가 돌아왔을 때 괴기의 용이 공주를 납치해 가는 큰 사건이 벌어집니다. 왕은 용에게 잡혀간 공주를 구해오는 자에게 공주를 주겠노라고 약속합니다. 사 형제는 자신들의 기술을 최대한 활용해 공주를 구해오는 데 성공합니다. 이후 사 형제는 공주와 결혼하기 위해, 자신 덕분에 공주를 구할 수 있게 되었다고 다툼을 벌이기도 합니다. 이에 임금님은 아무에게도 공주를 주지 않고 많은 상금을 내림으로써 형제의 다툼을 일단락 짓습니다. 형제들은 다투는 것보다 상금을 나누어 가는 것이 좋다고 생각하고 상금을 받아서 행복하게 살게 됩니다.

사 형제의 인생을 바꿔 놓은 기술은 무엇이었을까요? 형제가 서로 자랑했던 그 기술은 들키지 않고 무엇이든 훔칠 수 있는 도둑질, 어디든지 볼 수 있는 천리안, 백발백중의 사격술과 무엇이든 꿰맬 수 있는 바느질입니다. 듣기만 해도 놀라운 이 기술이 어떻게 가능했는지 자 동화 속으로 들어가 볼까요?

## "모든 길에는 법칙이 있다"

사 형제는 아버지의 말씀대로 집을 떠나기로 결정을 하고 짐을 챙겨서 여행을 시작합니다. 얼마 후 네 갈래의 길이 나오자 사 형제는 여기서 헤어지고 정확히 4년 후 다시 만나자고 약속을 합니다. 그리고 각자의 길에 펼쳐진 모험을 따라 길을 떠납니다.

여기서 재미있는 사실은 모든 이야기는 길을 가던 사람들이 헤어지기에 적당한 수의 갈림길이 등장한다는 것입니다. 사 형제에게는 네 갈래 길이 등장합니다. 원래 형제들이 걸어오고 있던 길까지 합하면 오거리인 셈입니다.

### 🎬 사 형제의 네비게이션 발동

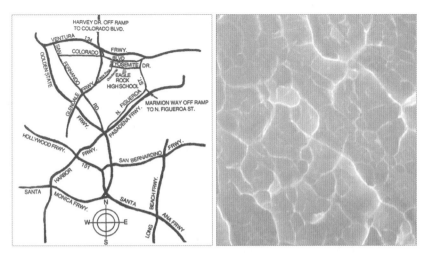

■ 인간 사회의 지도는 자연계에 존재하는 금(균열)과 비슷한 모양을 보여줍니다. 길을 만드는 인간의 과정은 최단거리를 찾아가다가 다른 금(균열)을 만나면 다시 분리되는 자연의 모양과 닮아 있습니다.

　　모든 길은 인간이 만들었다고 해도 좋습니다. 원래 자연에는 길이라는 것이 없습니다. 동물들이 습관적으로 다니는 장소가 길이 되기도 하지만 사람이 만들어 놓은 길이 될 만큼 수시로 똑같은 동선을 따라다니는 동물은 거의 없습니다. 따라서 길은 곧 인간의 행동반경과 동선을 말해줍니다.

　　일반적으로 길은 마을과 마을을 연결하는 것이기 때문에 길이 있다는 것은 이 마을에서 다른 마을로 사람들이 이동했음을 나타냅니다. 달리 말하면 길이라는 것은 한 마을에서 다른 마을로 이동하기 위해 지나가야 하는 경로입니다. 마을과 마을을 연결하는 최단경로가 길이 되기 마련입니다. 물론 최단시간이 소요된다는 의미이지 거리가 가장 가깝다는 의미는 아닙니다. 산이 막혀있다면 돌아가거나 위험요소가 있어 일부러 먼 길을 선택하는 경우도 있습니다. 지표면 상의 최단거리보다는 여러 사안을 고려한 실제적 최단거리를 의미합니다.

이와 같이 최단거리를 찾아가는 것은 인간사회에서 뿐만 아니라 자연의 보편적인 특성입니다. 일례로 빛은 동일한 매질 내에서는 직진하게 됩니다. 다른 매질을 통과하게 될 경우에는 굴절하게 되는데 이는 빛이 최단시간이 걸리는 경로를 다시 선택하기 때문에 나타나는 현상입니다.

아랫마을에서 윗마을로 갈 때 가야 하는 길과 옆 마을로 갈 때의 길은 전혀 다릅니다. 옆 마을로 가기 위한 길이 윗마을로 가다가 갈라지는 경우는 많지 않습니다. 흔히 갈래 길이 생기는 것은 마을 입구에서뿐입니다. 마을에서 멀리 떨어진 곳에서 길이 갈라지는 경우는 강이나 험준한 산과 같은 자연적인 방해물이 있을 때뿐입니다. 대부분 두 갈래로 나누어집니다. 유리나 도자기가 깨질 때 무질서하게 깨진다고 생각하겠지만 자세히 보면 항상 금이 가면서 두 개가 되고 그것이 다시 진행하면서 나중에 다시 두 개로 갈라집니다. 이는 갈라지게 하는 힘이 작용해서 갈라지다가 그 힘의 진행을 방해하는 부분과 만나면 두 부분으로 갈라지게 되기 때문입니다.

갈라진다는 것은 분자와 분자가 서로 떨어지는 것을 의미하게 때문에 항상 두 개씩 쪼개지게 됩니다. 그럼 해머로 장독을 내려치면 어떻게 되냐고요? 당연히 장독이 박살이 날 것입니다. 이는 동시에 여러 군데서 둘로 갈라지는 현상이 발생한 것입니다. 산맥의 형성도 마찬가지입니다. 지층과 지층이 횡압력을 받아서 솟아오른 것이 산맥이기 때문에 산맥을 기준으로 양쪽으로 선택하여 길이 생기게 됩니다. 이러한 산맥과 산맥이 이어지는 경우에는 길이 세 갈래가 됩니다. 강물의 경우에도 마찬가지입니다. 자연적인 방해물도 다섯 갈래로 나누어지는 경우는 겨의 없습니다.

그런데 형제가 길을 선택하는 곳, 오거리가 나오는 그곳은 도시일 가

■ 오거리는 도시의 상징.
자연적인 길의 경우 오거리는 좀처럼 만들어지지 않습니다. 사람들의 발길이 많고 인공 조형물로 길들이 돌아가는 오거리는 도시의 상징입니다.

능성이 높습니다. 오거리 갈래 길은 인적이 드문 옛날에는 만들어지기 어려운 곳입니다. 도시에서는 복잡하게 건물이 들어서면 건물 사이로 길이 나야 하기 때문에 오거리가 생길 수 있습니다.


## 자연은 도둑들의 경연장?

첫째 아들은 도둑을 따라가서 도둑질을 배워 옵니다. 첫째 아들은 도둑이 자신의 기술을 배우라는 말에 도둑질은 나쁜 짓이라면서 거부했지만 이내 도둑의 설교(?)에 넘어가 도둑질을 배웁니다. 도둑은 일반적인 도둑질과 달리 자신이 하는 것은 남에게 전혀 들키지 않는 뛰어난 기술이라며

■ 그리스신화는 인간 문명이 불을 훔친 프로메테우스에 의해서 시작됐다고 이야기합니다.

자신의 기술을 높이 평가합니다. 이렇게 뛰어난 기술이라는 말에 혹한 첫째 아들은 마음만 먹으면 무엇이든 훔칠 수 있는 기술을 습득하게 됩니다.

도둑의 역사를 거슬러 올라가볼까요. 인류의 문명은 불과 함께 시작되었습니다. 그리스신화에 의하면 프로메테우스가 제우스의 명을 어기고 신들이 사용하는 불을 훔쳐서 인간에게 가져다줌으로써 인간도 불을 사용할 수 있게 되었다고 합니다. 즉, 신화에 의하면 인류의 문명이 도둑질한 물건에 의해 시작되는 것입니다. 하지만 인간의 계명은 도둑질을 금하고 있습니다. 모세의 십계명 중 여덟 번째 계명은 도둑질을 하지 마라는 것이고 불교의 경전에도 도둑질을 하지 마라는 말이 있습니다.

이렇듯 도둑질이라는 것이 나쁜 행위가 된 것은 사유재산제도가 생기고 나서부터입니다. 공동생산 공동분배체제에서는 굳이 도둑질이라는 행위가 필요 없었으며 사실 모든 것이 내것이나 다름이 없습니다. 『삼국지연의』 부여 편에는 '일책십이법'이라고 하여 도둑질한 자는 12배로 물어주는 엄한 법도 있습니다. 고조선에도 비슷한 법이 있었다고 하며 도둑질을 금지하는 것으로 사유재산제도가 있었다는 것을 추측합니다.

도둑질이 정당한 대가를 지불하지 않고 남의 물건을 가져가는 행위라고 본다면 자연은 이미 도둑들의 세상이라고 볼 수 있습니다. 생쥐가 곳간의 쌀을 훔쳐가듯이 작은 동물이 덩치 큰 생물의 먹이를 훔쳐가는 것을 제외하면 도둑질을 하는 생물이 뭐가 그리 많으냐고 생각할지 모릅니다. 그러나 이렇게 표면적으로 보이는 도둑들과 달리 기생생물이라 불리는 생물들은 자연계의 보이지 않는 지배자라 불릴 만큼 막강한 세력을 형성하며 수시로 도둑질을 벌이고 있습니다. 여러분들 몸에는 기생생물이 없을 것이라고 생각할지도 모릅니다. 하지만 우리 몸에는 이미 수십 억 마리의 기생생물이 살고 있으며, 변절자(암세포)의 공격이 아니라면 대부분 기생생물에 의해 병이 생깁니다. 기생생물은 포식자와 달리 숙주를 잡아먹는 것이 아니라 숙주에게서 단지 자신에게 필요한 양분을 얻습니다. 따라서 기생생물은 숙주를 죽지 않게 하는 것이 기생생물계의 불문율인 것입니다. 숙주를 죽이지 않고 오래오래 그들이 만든 양분을 제공받으며 사는 것이 가장 좋은 전략이기 때문입니다.

에너지의 순환을 따져보면 우리 모두는 도둑일 수밖에 없습니다. 태양의 빛에너지를 화학적 에너지로 바꿀 수 있는 녹색 식물이나 황화수소($H_2S$)를 이용해 필요한 에너지를 얻는 일부 세균을 제외하고 대부분의 생물은 스스로 양분을 만들어내지 못하기 때문입니다. 나머지 생물들은 모두 이들이 힘들게 만들어 놓은 양분을 그냥 이용하는 것입니다. 이와 같이 스스로 양분을 만드는 생물을 독립영양 생물이라고 하며, 다른 생물이 만들어 놓은 양분을 섭취하는 생물을 종속영양 생물이라고 합니다. 게다가 인간은 식물이 광합성을 하지 않으면 살아갈 수 없는 생명체입니다. 즉, 그들이 만들어 놓은 에너지를 무임승차하는 셈인 것입니다. 이와 같이 도둑질은 인간 사회뿐 아니라 자연계에 널리 퍼진 생존 수단의 하나입니다.

## 눈의 한계는 어디까지인가?

둘째 아들은 천리까지 볼 수 있는 기술을 배웁니다. 기술을 배우고 난 후 아들은 세상에서 일어나는 모든 일을 볼 수 있는 망원경을 하나 얻게 됩니다. 어려움에 닥칠 때마다 해결책을 찾아낼 수 있는 그야말로 신기한 천리경(千里鏡)입니다.

### 염라대왕의 최신 천리경

물론 망원경으로 세상 모든 것을 볼 수는 없습니다. 망원경 성능이 아무리 좋다고 하더라도 높은 곳에 올라가지 않으면 어차피 다른 물체에 가려서 볼 수 없기 때문입니다. 또한 지구가 둥글기 때문에 아무리 뛰어난 망원경이 있어도 볼 수 있는 거리는 한계가 있을 수밖에 없습니다.

오늘날에는 많은 것을 보기 위해 지구상에 떠 있는 인공위성을 이용합니다. 인공위성은 일기예보와 같이 기상관측에 사용되거나 자원탐사 등의 민간용으로 사용되기도 하지만 적국의 군사동향과 같은 군사적 목적으로 사용되기도 합니다.

세상의 모든 일을 보고 싶은 것은 인간뿐만 아니라 모든 동물의 본능이라고 할 수 있을 것입니다. 다만 동물의 경우에는 자기 주변을 세상의 전부라고 생각하기 때문에 자기 주변의 일만 알면 그만입니다. 사자는 어디에 사슴이 있는지 알고 싶을 뿐이고 사슴은 어디에서 사자가 다가오는지 알고 싶을 뿐입니다. 하지만 야생에서도 더 많고 더 정확한 정보를 가진 생물이 살아남게 됩니다. 즉, 그들에게 정보는 곧 생명입니다.

물론 이러한 상황은 인간이라 해서 달라지지 않습니다. 많은 사람들이 정보를 수집하는 직업에 종사하고 있으며 그들의 중요성은 날이 갈수록 증가하고 있습니다. 미국은 과학 기술에 있어서만 선진국이 아니라 도청에 있어서도 가장 앞서가는 나라입니다. 미국의 도청망은 할리우드 영화 속에서만 최고가 아니라 실제로도 세계 최고 수준을 자랑합니다. 1972년 미국의 대통령 닉슨은 비밀공작원을 이용해 경쟁자의 선거 전략을 엿듣기도 했습니다. 닉슨을 재선시키기 위해 비밀공작원들이 워터게이트 빌딩에 도청 장치를 한 것이 적발되자 결국 닉슨은 하원의 탄핵안 가결로 대통령

직을 떠나게 됩니다. 이것이 미국뿐만 아니라 전 세계를 떠들썩하게 했던 '워터게이트 사건(Watergate Affair)' 입니다. 또한 미국은 세계 최고의 도청망인 '에셜론(Echelon)' 을 가지고 특정 국가나 단체뿐 아니라 전 세계를 상대로 도청을 하고 있습니다. 1988년 영국의 한 월간지에 에셜론의 도·감청 시스템에 대한 기사가 실리면서 그 정체가 세상에 드러났습니다. 미국은 이에 대해 군사적인 목적에만 활용했다고 변명했지만 그 동안 미국의 행위로 봐서 이를 믿을 나라는 별로 없었습니다.

18세기 공리주의자 제레미 벤담(Jeremy Bentham)은 특수한 원형감옥을 설계하여 이를 '파놉티콘(Panopticon)' 이라고 불렀습니다. 파놉티콘은 '모두'를 뜻하는 'pan' 과 '본다' 는 뜻의 'opticon' 을 합성한 것으로, 중앙의 탑에서 모든 것을 다 볼 수 있게 설계되었습니다. 조지 오웰은 소설 『1984』를 통해 이렇게 개인의 사생활까지 모두 감시하는 존재를 '빅 브라더' 라고 불렀습니다. 나아가 〈마이너리티 리포트〉 〈네트〉 〈에너미 오브 스테이트〉 등 많은 영화에서는 감시받는 개인의 생활에 대해 아주 상세하게 묘사하고 있습니다. 특히 요즘에는 소위 '몰카' 라고 불리는 몰래카메라가 등장하여 가장 은밀한 곳이 되어야 할 화장실조차 안전하지 못한 곳이 되어 버렸습니다. 범죄예방과 공중도덕의 확립을 이유로 시작된 공공촬영은 사람들의 사생활을 보장하지 않는다는 비난의 화살을 받고 있기도 합니다. 그렇다면 공공의 이익과 개인의 사생활 보호가 충돌했을 경우 어느 것이 우선되어야 할까요? 최첨단 기술은 또 한번 딜레마에 빠집니다.

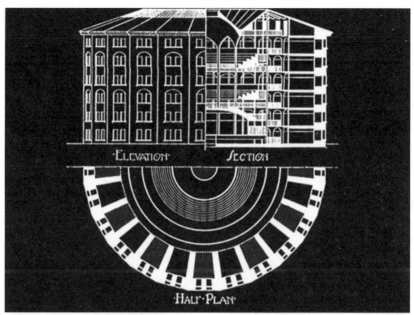

■ 벤담의 파놉티콘.
  벤담이 설계한 파놉티콘은 관리 감독이 쉬운 원형감옥 형태였습니다. 현대 미국에서는 실제로 벤담의 설계에 바탕을
  둔 많은 감옥들이 만들어졌습니다.

## 훌륭한 포수의 필수품, 눈 달린 총알

　셋째 아들은 사냥꾼을 만나서 훌륭한 포수가 됩니다. 사냥꾼은 사냥 기술을 가르쳐 주고 셋째 아들이 떠날 때 무엇이든 명중시킬 수 있는 '백발백중의 총'을 줍니다.

　물론 현실적으로 백발백중의 총이나 대포는 없습니다. 명중률이 거의 100%에 가까운 무기들이 있기는 하지만 빗나갈 확률은 항상 있습니다. 영화 〈태극기 휘날리며〉에서 진석(원빈 분)은 형이 자신을 위해 무모할 만큼 전투를 수행하자 "총알에 눈이 있는 줄 알아?"라며 형에게 자제할 것을 요구합니다. 진석의 말 그대로 총알과 포탄에는 눈이 없습니다. 따라서 전쟁 중에 적의 목표물을 맞히기 위해서는 막대한 양의 총알과 폭탄을 쏟아 부을 수밖에 없었습니다. 또한 이 과정에서 민간인과 일반시설의 피해는 피할 수 없는 것입니다. 그리고 실제 '피할 수 없는 피해'라는 이유로 수많은 전쟁피해가 자연재해인 것처럼 호도되는 경우도 있으니 안타까울 따름입니다.

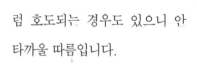

■ 스마트 폭탄은 일종의 유도탄으로 악천후나 먼 거리에서도 효과적으로 목표물을 맞히기 위해 GPS를 도입, 일반 폭탄 끝부분에 비행 장치를 장착시킨 신형 무기를 말합니다.

■ 실생활에 활용되는 GPS 수신기.

이러한 전쟁의 양상은 목표물을 찾아갈 수 있는 스마트 폭탄(smart bomb)과 같은 유도 무기가 등장하면서 달라졌습니다. 스마트 폭탄은 1972년 베트남전쟁에서 처음으로 사용되어 그 위력을 입증했습니다. 월맹의 탕호아교(Thanh Hoa Bridge)는 월맹군에게 군수물자를 보급하는 전략적 요충지였습니다. 미군은 이를 폭파하기 위해 몇 년에 걸쳐 수백 번 폭격을 가했지만 탕호아교는 건재했습니다. 하지만 소위 '전자 눈'이 달린 스마트 폭탄을 실은 전투기 12대의 단 1회 출격으로 탕호아교는 폭파되었습니다. 이 폭탄은 이전의 폭탄과 달리 목표물을 찾아갈 수 있었기 때문에 다른 시설물은 건드리지 않고 다리만 폭파할 수 있었습니다. 목표물을 정확히 제거하는 백발백중의 명기로 꼽히는 스마트 폭탄의 발명은 명백히 과학의 성과임에는 틀림이 없습니다. 불가능을 가능하게 해주었다는 데 의의도 있을 것입니다. 그러나 어차피 살인용 무기라는 데는 쓴웃음만이 나옵니다.

스마트 폭탄과 같은 유도 무기들이 목표물을 정확하게 맞히기 위해서는 몇 가지 기술이 필요합니다. 스마트 폭탄은 미사일이 얼마나 빨리 날아가고 있는지, 어디쯤 날아가고 있는지, 목표물은 어디에 있는지 알아야 정확하게 목표물을 명중시킬 수 있습니다. 즉, 관성항법장치(INS, Inertial Navigation System), 지형대조장치(TERCOM, Terrain Contour Matching), 전지구적 위치확인 시스템(GPS, Global Positioning System), 디지털영상대조

장치(DSMAC, Digital Scene Matching Area Correlation)를 통해 목표물을 정확하게 명중시킬 수 있습니다.

관성항법장치는 가속도계를 이용하여 미사일의 가속도를 탐지하여 미사일이 어디에 있는지를 대략적으로 추적할 수 있는 시스템입니다. 대략적이라고 말하는 이유는 약간의 오차가 있기 때문입니다. 지형대조장치는 미사일이 날아가고 있는 비행지역에 대한 3D 데이터베이스를 이용하여 목표물이 있는 곳의 지형을 살피는 기능을 합니다. 이렇게 얻은 정보를 토대로 GPS의 유도를 받아 지상에 매우 가깝게 비행할 수 있습니다. 대지털영상대조장치는 목표물을 탐지하기 위해서 카메라와 이미지 비교장치를 이용하는데, 아주 상세한 영상 정보를 제공하기 때문에 목표물이 이동하고 있을 때 아주 유용하다고 합니다.

일부 강대국들은 스마트 폭탄과 같은 정밀 유도탄의 개발로 민간인 피해를 최소화 하고, 전자폭탄으로 사상자 없이 지휘체계만 무너뜨린다고 역설합니다. 하지만 어떤 명분을 내세우더라도 결코 전쟁이 정당화될 수는 없는 노릇입니다. 아무리 전쟁무기가 발달해도 전쟁의 속성상 인명피해는 발생하기 마련이며, 이를 통해 인권이 추락하는 비참함을 경험해야 합니다. 이 때문에 무기 개발은 과학의 아킬레스건이 된 것입니다. 그렇다고 현대의 전쟁이 과거의 전쟁보다 더 큰 피해를 입힌 것에 대한 책임을 과학이 무기를 발달시켰기 때문이라고 하는 것은 과학에 대한 일종의 모함입니다. 인간의 의도를 내포하지 않은 사건은 어디에도 없습니다. 총이 혼자서 총알을 내보내고 폭탄이 혼자서 지상으로 내려오지는 못합니다. 인간의 의지가 과학을 좋게도 나쁘게도 보이게 한다는 것을 명심해야겠습니다.

# 시간을 되돌릴 수 있는 기술!

막내아들이 만난 사람은 재봉사였습니다. 재봉사가 자신의 기술을 배우라고 하자 막내아들은 그것은 따분한 일이라며 거절합니다. 하지만 재봉사는 자신의 기술은 보통의 재봉사가 가진 것과는 전혀 다른 기술이라며 바느질 기술을 배우라고 합니다. 이 말을 듣고 막내는 재봉사에게 기술을 배우기 시작합니다.

막내가 기술을 모두 배우고 마지막 떠나는 날에 재봉사는 무엇이든 꿰맬 수 있는 바늘을 줍니다. 일견 『피터 팬』에 나오는 웬디의 기술과도 맞먹는 물건들입니다. 웬디는 피터 팬의 그림자를 꿰매는 기술을 선보였습니다. 그림자는 빛이 도달하지 않는 상태이기 때문에 '아무것도 없는 것'입니다. 아무 것도 없는 것을 피터 팬의 발에 꿰매어 주었으니 이보다 더 뛰어난 기술은 없을 것입니다. 막내가 재봉사에게서 선물 받은 바늘은 달걀이든 철이든 모든 것을 꿰맬 수 있을 뿐 아니라 꿰맨 후에는 흔적이 남지 않았습니다.

'엎질러진 물'이라는 말이 있습니다. 이는 이미 벌어진 일은 다시 되돌릴 수 없다는 것을 나타내는 말입니다. 엎질러진 물과 마찬가지로 깨진 달걀이나 컵은 다시 원상태로 복구하기 어렵습니다. 만약 컵이 깨지는 장면을 카메라로 촬영한 후에 거꾸로 돌린다면 우리는 이것이 거꾸로 돌아가는 중이라는 사실을 눈치 챌 수 있을 것입니다. 깨진 컵이 다시 붙어서 원래대로 되는 일이 실제로는 벌어지지 않기 때문입니다.

이렇게 사건이 벌어질 수 있는 가능성에는 어떤 방향성이 존재하며 이를 물리학에서는 "시간의 흐름에는 방향성이 있다."라고 표현합니다. 물리 현상을 기술하는 근본적인 뉴턴의 운동 방정식들은 시간 대칭성을 가지고 있습니다. 시간 대칭성이란 시간적으로 거꾸로 가는 물리적 현상도 가능하다는 뜻입니다. 예를 들어 오른쪽에서 굴러 온 당구공이 정지한 공과 충돌한 장면을 촬영했다고 가정해 보세요. 이 필름을 거꾸로 돌린다고 하더라도 전혀 이상한 점을 발견할 수 없을 것입니다. 이것이 바로 시

## 6살 아들, 엄마에게 엔트로피를 가르치다

간에 대해 대칭성이 있는 것입니다. 따라서 뉴턴 역학에서는 시간에 대한 방향성이 없으며 어떤 운동이든 항상 역으로도 발생할 수 있습니다. 이러한 시간의 방향성에 대한 개념은 1850년 독일 물리학자인 루돌프 J. E. 클라우지우스(Rudolf Julius Emanuel Clausius)가 도입한 '엔트로피(entropy)'라는 개념으로 설명할 수 있습니다.

뉴턴주의자들은 질서가 가장 자연스러운 것이라고 생각했지만 우주는 무질서해지려는 경향이 있습니다. 사실 무질서가 우주의 가장 기본적인 성질이며 가장 우주다운(?) 모습인 것입니다. 우주가 무질서해지려는 경향이 있다는 말이 내키지 않는다면 '평균화'라고 이해해도 상관없습니다. 평균화되려고 하는 경향이 바로 무질서해지려는 경향이나 같은 의미이기 때문입니다. 이렇게 무질서해지려는 경향이 바로 엔트로피입니다. 아이들 방은 엄마가 정리해 주지 않으면 항상 어질러지기 마련이며, 집은 아무리 잘 관리해도 점점 낡게 됩니다. 컵은 잘 깨지는 경향이 있지 깨진 컵이 다시 질서를 유지하여 원래 상태로 돌아오는 일은 없습니다. 이렇게 우주는 무질서해지는 방향으로만 진행해갈 뿐 그 반대 방향으로는 진행되지 않습니다. 따라서 외부와 에너지의 교환이 없는 고립계에서 엔트로피는 항상 증가하게 되며, 이를 열역학 제2법칙이라고 합니다.

열역학 제1법칙은 에너지 보존 법칙이라고 하며, 에너지는 다른 형태로 바뀔 뿐 사라지거나 새로 생겨나지 않음을 나타냅니다. 열역학 제2법칙은 엔트로피 증가의 법칙이라고 하며, 자연의 모든 과정은 무질서도가 높아지는 상태를 향해 나아가는 경향이 있음을 나타냅니다. 에너지는 보존되지만(가역적이지만) 엔트로피는 처음에 가지고 출발한 것보다 항상 더 많아집니다(비가역적입니다). 항상 에너지를 아껴야 한다는 이야기를 귀가 따갑게 듣습니다. 에너지가 보존된다면 사실 에너지를 아낄 필요가 없습니다. 하지만 에너지를 아껴야 하는 것은 쓸모 있는 에너지가 쓸모없는 에너지로 바뀌기 때문입니다.

이렇게 무질서해지는 방향으로는 진행하지만 그 반대 방향으로 진행되는 일이 일어나지 않는다는 비가역적인 성질 때문에 엔트로피는 종종 시간의 화살이라고 불리기도 합니다.

엔트로피가 필연적으로 증가하기만 하는 원인은 무엇일까요? 근본적인 답은 확률입니다. 즉, 엔트로피가 증가하는 것은 수많은 임의적인 사건들 중에서 그렇게 진행할 확률이 제일 높기 때문입니다. 엔트로피가 최후의 승리를 거두는 것은 질서가 불가능하기 때문이 아니라, 질서를 향해 가는 길보다 무질서를 향해 가는 길이 항상 훨씬 더 많이 존재하기 때문입니다.

좀 더 일반적인 상황을 예로 들어 볼까요? 칸막이로 분리되어 있는 밀폐된 공간의 한 쪽에 기체 분자가 한 개가 있다고 생각해 보세요. 칸막이를 열면 분자는 두 개의 방 중에서 한 곳에 있을 것입니다. 하지만 개수가 증가하게 되면 한쪽에 모든 기체가 몰려있을 확률보다는 두 방에 골고루 있을 확률이 훨씬 많아집니다. 하지만 한쪽 방에 모든 기체가 들어있을 확률이 전혀 없는 것은 아닙니다. 다만 그 확률이 너무 낮을 뿐입니다. 수영장에서 다이빙한 선수가 다시 점프대로 튀어 오를 수도 있습니다. 다만 그렇게 하기 위해서는 물 분자들이 다이빙 선수를 점프대로 밀어 올리는 방향으로 동시에 운동해야 합니다. 절대 불가능한 이야기는 아니지만 가능할까요?

현실계의 분자 수는 아보가드로의 수($\fallingdotseq 6 \times 10^{23}$)라는 엄청난 크기이며, 따라서 통계법칙이 현실계에서 어긋나는 경우(다이빙한 선수가 저절로 물에서 다이빙대로 올라오는 경우)는 우주가 끝날 때까지 기다려도 오지 않을 것입니다. 그러나 흥미 있는 점은 그 확률이 '0'은 아니며, 그런 상황이 물리 법칙에 어긋나지도 않는다는 사실입니다. 막내아들의 무엇이든 꿰맬 수 있는 기술, 즉 원래 상태로 돌려놓는 일이 불가능한 것은 아닙니다. 물론 이렇게 뛰어난 접착 기술을 가지려면 원자를 마음대로 조작할 수 있는 정도의 뛰어난 과학기술을 필요로 합니다.

막내의 기술은 단순히 깨진 것을 붙이는 것이 아니라 깨어지는 사건이 일어나기 전으로 물건의 상태를 되돌리는 기술과 같습니다. 도둑질을 잘 하고, 멀리 보고, 백발백중의 총을 가지고 있다 한들 시간을 되돌리는 기술만은 못하겠지요. 시간을 거스르는 일은 자연이 선사하는 확률게임에서 거의 0%에 가까운 것이기 때문입니다.

영원한 젊은 오빠,
피터 팬 따라잡기

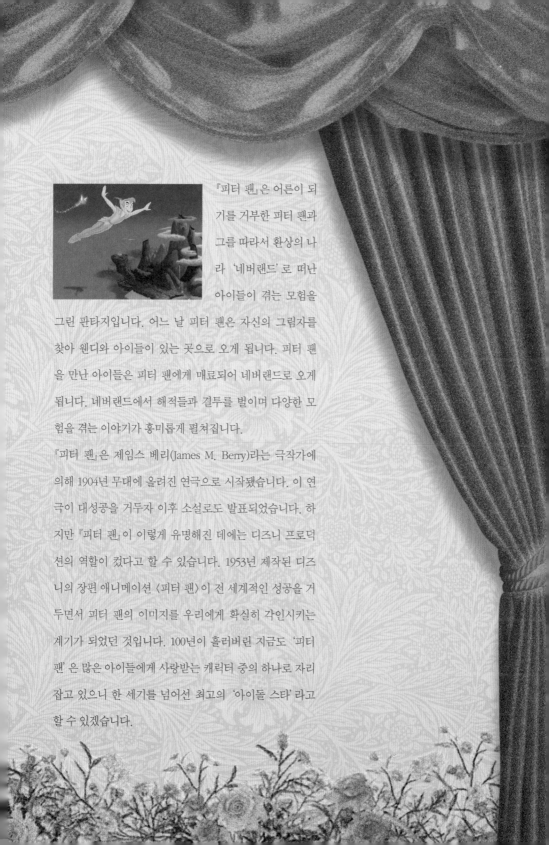

『피터 팬』은 어른이 되기를 거부한 피터 팬과 그를 따라서 환상의 나라 '네버랜드'로 떠난 아이들이 겪는 모험을 그린 판타지입니다. 어느 날 피터 팬은 자신의 그림자를 찾아 웬디와 아이들이 있는 곳으로 오게 됩니다. 피터 팬을 만난 아이들은 피터 팬에게 매료되어 네버랜드로 오게 됩니다. 네버랜드에서 해적들과 결투를 벌이며 다양한 모험을 겪는 이야기가 흥미롭게 펼쳐집니다.

『피터 팬』은 제임스 베리(James M. Berry)라는 극작가에 의해 1904년 무대에 올려진 연극으로 시작됐습니다. 이 연극이 대성공을 거두자 이후 소설로도 발표되었습니다. 하지만 『피터 팬』이 이렇게 유명해진 데에는 디즈니 프로덕션의 역할이 컸다고 할 수 있습니다. 1953년 제작된 디즈니의 장편 애니메이션 〈피터 팬〉이 전 세계적인 성공을 거두면서 피터 팬의 이미지를 우리에게 확실히 각인시키는 계기가 되었던 것입니다. 100년이 흘러버린 지금도 '피터 팬'은 많은 아이들에게 사랑받는 캐릭터 중의 하나로 자리잡고 있으니 한 세기를 넘어선 최고의 '아이돌 스타'라고 할 수 있겠습니다.

# 인간은 누구나 피터 팬의 후예

　기존의 영화화 된 『피터 팬』은 극중 인물과 배경에 초점이 맞춰진 것
이 많았습니다. 하지만 근래작인 〈파인딩 네버랜드〉는 『피터 팬』이 어떻
게 만들어져 무대에 올려졌는지에 초점을 맞추고 이야기를 전개해갑니다.
『피터 팬』의 작가 베리는 어른이지만 아이의 감수성을 지닌 인물로 묘사
됩니다. 베리는 아이들에게 들려주기 위해 이 연극을 만들었지만 사실은
세상에 물들지 않은 어른으로 성장한 자신의 이야기였다는 것이 영화의
줄거리입니다.

　『피터 팬』이라는 동화와 연관된 것을 이야기해 보라고 하면 가장 먼저
떠오르는 것은 '피터 팬 증후군(Peter Pan syndrome)'이라는 단어입니다.
피터 팬 증후군은 성년이 되어도 어른들의 사회에 적응할 수 없는 '어른
아이' 같은 사람들을 나타내는 심리학 용어인데요. 임상심리학자인 D. 카
일리 박사는 어른이 되어서도 성인사회에 적응하지 못하는 사람들을 가리
켜 피터 팬 증후군에 빠져 있다고 이야기했습니다. 하지만 어른 사회에 적
응하지 못한다는 부정적인 의미를 가진 피터 팬 증후군과 달리 어른이면
서 아이의 심성을 가진 사람들을 키덜트(Kidult)족이라고 합니다. 아이
(Kid)와 어른(Adult)이 합성된 이 말은 어린 시절에 대한 향수를 가지고
동화처럼 살기를 원하는 세대를 일컫는 말입니다. 대표적으로 386세대들
의 〈로보트 태권V〉에 대한 향수를 들 수 있는데요. 〈로보트 태권V〉는
1976년 개봉 당시 18만 명이라는 기록적인 흥행에 성공한 이후 대표적인
로봇 애니메이션으로 자리를 잡았습니다. 신나는 주제가와 함께 일본의

마징가와 달리 우리의 태권도를 기반으로 하고 있는데다 휴머니즘을 저변에 깔고 있어 우리의 정서와 일치한다는 점에서 많은 사랑을 받았습니다. 저자와 같이 1970~1980년대에 어린시절을 보낸 대한민국 남자들에게 태권V는 영원한 우상임에는 분명합니다. 당시 소년이었던 386세대들이 어린 시절의 영웅인 로보트 태권V를 다시 스크린으로 복귀시키고자 하는 분위기가 조성되었고, 아톰이 시대를 초월해 일본의 국민 로봇으로 성장한 것에 반해 우리나라를 대표할 수 있는 로봇이 없다는 것도 태권V 부활을 이야기하는 이유이기도 합니다

피터 팬 신드롬이나 키덜트족이 일부 성인들을 가리키는 말인 데 반해 아예 모든 성인들을 '영원한 어린아이'로 보는 재미있는 견해도 있습니다. 이러한 견해는 영국 옥스포드 대학교의 동물학 박사인 클라이브 브롬홀이 『영원한 어린아이, 인간(The Eternal Child)』이라는 책에서 주장했습니다. 그는 이 책에서 인간이 '덩치 큰 아기 침팬지'에 불과하다고 주장하면서 인간이 유아화 되는 방향으로 진화되었다고 합니다. 원숭이에서 인간으로 발달했다고 믿는 많은 사람들에게 인간이 겨우 아기 침팬지로 진화했다는 주장은 호기심을 넘어 도발적으로 들리기도 합니다. 하지만 브롬홀이 증거로 제시하는 인간과 침팬지 태아의 유사성을 보면 그의 주장이 완전히 허황된 것이 아니라는 것을 알 수 있습니다. 침팬지의 태아 얼굴 모습은 인간과 매우 흡사하고, 털의 분포 또한 인간과 비슷합니다. 또한 엄지발가락은 다른 발가락과 나란하며, 머리는 척추에 연결되어 있어 직립보행이 가능한 형태로 보입니다. 인간과 비슷한 모습의 침팬지 태아는 태어나 성숙해가면서 인간의 모습과는 다른 침팬지의 모습을 가지게

됩니다. 결국 인류는 유형성숙(neoteny)을 통해 유인원에서 인간으로 진화했을 것이라고 합니다. 유형성숙은 어린 상태에서 발달이 멈춰버린 것으로, 성숙했지만 어릴 때의 특징을 그대로 가지고 있는 것을 말합니다.

유형성숙은 유형진화(paedomorphosis)의 한 예로 최근에는 유형진화가 진화의 중요한 원인으로 받아들여지고 있기도 합니다. 유형성숙이 진화의 중요한 실마리가 되는 것은 완전히 다른 모습으로 진화하는 것보다는 유전자에 조금의 돌연변이만으로도 진화가 가능하기 때문입니다. 작고한 유명한 진화학자인 스티븐 제이굴드의 분석에 따르면 미키마우스는 50년 동안 눈은 머리의 27%에서 42%, 머리는 신장의 42.7%에서 48.1%로 커졌다고 합니다. 머리가 몸에 비해 상대적으로 커졌는데 이것은 미키마우스를 귀엽게 그려내기 위한 것으로 일종의 유형성숙을 한 경우입니다. 초기의 심술꾸러기 미키마우스가 많은 사람들의 사랑을 받으면서 귀여운 미키마우스로 진화한 것이죠.

중부 아메리카에는 실제로 피터 팬 같은 생물이 존재합니다. 악솔로틀 (Axolotl)이라는 도롱뇽은 다른 양서류와 달리 성숙해도 새끼 때의 모습을 그대로 지닙니다. 다른 도롱뇽의 경우 개구리와 같이 성체가 되면 아가미가 사라지고 허파로 호흡을 하게 되지만 악솔로틀은 아가미를 그대로 가지고 있고 몸체도 약간 투명한 것이 도롱뇽 새끼의 모습을 지니고 있습니다. 이 도롱뇽은 나이가 들어도 늙지 않는 피터 팬 같은 존재인 것입니다.

■ 악솔로틀의 성장 전후(좌우) 비교.
성장기를 거친 악솔로틀은 새끼 때의 모습을 그대로
지니고 있습니다.

그렇다면 인간이 이러한 유형성숙을 통해서 얻을 수 있었던 진화상의 이점은 무엇이었을까요? 인간이 다른 영장류들과 달리 느리게 성숙하면서 성인으로부터 많은 것을 학습할 수 있는 시간을 가질 수 있습니다. 다른 영장류보다 긴 유아기를 거칠 뿐 아니라 성장해서도 유아적인 특징을 보였던 것이죠. 또한 공격성이 줄어들고 협동성이 증가하며 항상 호기심을 가지고 있는 것도 생존에 많은 도움을 준 요인이었을 것입니다. 이러한 브롬홀의 주장이 옳다면 우리는 '침팬지 피터 팬의 후예들'인 것입니다.

## 늙어 죽지 않는 아메바의 비밀

　　모든 생물이 늙어 죽는다는 것은 누구나 알고 있는 상식이라고 생각할 것입니다. 하지만 피터 팬은 항상 어린 아이의 모습을 하고 있으며, '영원히 젊음을 유지할 수 있는 특별한 능력'이 있기 때문에 늙어 죽지 않습니다. 영원한 젊음, 이것은 아마도 성형수술이나 보톡스가 만연하는 요즘 최고의 화두가 아닌가 싶습니다. 그렇다면 우리는 피터 팬에게서 '젊음을 유지하는 비법'을 전수 받을 수 없을까요? 피터 팬의 특별한 비법은 무엇일까요?

　　피터 팬의 정체를 알기 위해서는 우리 자신을 돌아볼 필요가 있습니다. 인간은 태어나서 계속 모습이 변합니다. 이 글을 읽고 있는 순간에도 독자 여러분은 책을 열기 전과는 다른 사람이 되어 있습니다. 책을 읽는 순간 책의 내용을 기억하기 위한 신경세포의 배열이 일어나고 몸에 있는 수많은 세포들은 새로운 세포들로 교체됩니다. 흘러가는 강물이 다시 돌아오지 않듯이 우리의 몸도 매순간 새로운 자신으로 거듭나 다시는 과거의 상태로 돌아갈 수 없는 것입니다.

몇 년간 유학을 갔다 온 애인이 변심하자 여인은 이렇게 말합니다. "내 입술은 아직 당신을 기억하고 있어요." 하지만 이 말은 세포생물학적인 측면에서 본다면 틀린 말입니다. 입술 세포는 14.7일마다 새로운 세포

■ 세포자살(Apoptosis).
사람을 포함한 척추동물의 세포는 아무리 왕성한 분열능력을 가진 종류라 할지라도 50회 이상 분열하면 죽습니다. 유전적으로 정상세포는 적당한 시간이 지나면 자동적으로 죽도록 설계돼 있기 때문입니다. 이것을 학술용어로 세포자살이라고 부릅니다.

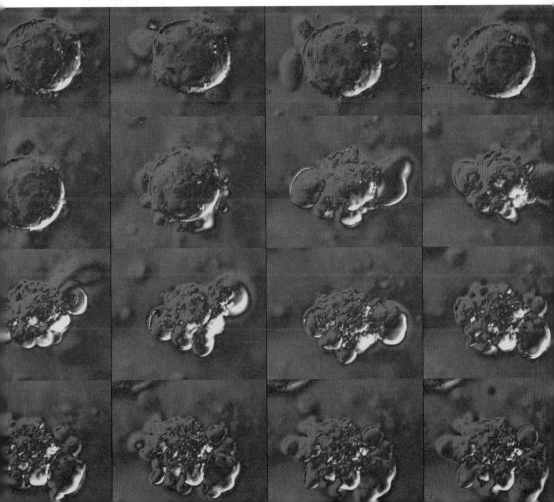

로 대체되기 때문에 보름이 지나면 키스를 했던 세포들은 모두 사라지고 없습니다. 사람 몸의 세포는 7년이 지나면 신경이나 근세포와 같은 일부 세포를 제외하고 모두 새로운 세포로 교체됩니다. 사람 몸의 세포들이 이렇게 날마다 새로운 세포로 교체되는 것은 세포들이 손상을 입는 경우가 많기 때문입니다. 물론 손상된 세포뿐 아니라 일정시간이 지나면 멀쩡한 세포도 새로운 세포로 교체됩니다. 새로운 세포로 교체된다면 왜 아기 때와 같이 부드러운 피부로 재생되지 않을까요? 그것은 세포 내의 노화 프로그램이 작동하기 때문입니다. 내 몸의 세포는 같은 세포, 즉 피부는 피부세포로 간은 간세포로 재생은 되지만 이전 세포와 완전히 똑같은 세포로 재생되지는 않습니다.

피터 팬은 이러한 신체의 노화 프로그램을 정지시키는 방법을 알고 있었기 때문에 영원히 늙지 않게 되었을 것입니다. 그렇다면 왜 우리는 피터 팬과 같이 영생을 얻지 못하고 노화 프로그램을 가지게 되었을까요? 아메바와 같이 이분법에 의해 증식하는 생물은 아무리 오래되어도 결코 늙어 죽는 법이 없습니다. 물론 늙어 죽지 않는다고 죽지 않는 것은 아닙니다. 모든 생물들은 늙거나 각종 질병 또는 사고로 죽습니다. 하지만 아메바와 같이 이분법에

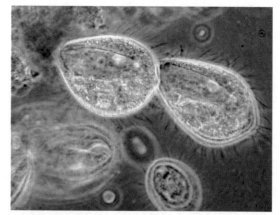

■ 아메바의 무성생식.

의해 번식하는 생물체는 자신과 같은 개체(클론)를 계속 만들기 때문에 항상 젊음을 유지합니다.

생활환경이 개체에게 적당할 경우 이렇게 동일한 개체들을 많이 생산한다고 문제가 될 것은 없습니다. 하지만 자연은 그렇게 생존하기 녹록한 곳이 아니며, 환경은 수시로 개체에게 불리하게 변하기도 합니다. 영생을 누리던 이러한 개체는 불리한 환경이 찾아왔을 때 모두 같은 형질을 가지고 있기 때문에 멸종의 길을 걷게 될 수도 있습니다.

인간과 많은 동물들은 성(섹스)을 발명해 내면서 영생을 포기했습니다. 생물학자들은 이분법과 같이 무성생식을 하는 것보다 유성생식(양성생식)을 하는 것이 진화적 이득이 있기 때문에 성이 출현하게 되었다고 주장하기도 합니다. 그 이득이라 함은 다름이 아니라 유성생식이 기생생물을 물리치는 데 도움이 된다는 것입니다. 암수의 성을 가지게 되면 후손은 두 조의 뒤섞인 DNA를 받아 훨씬 다양한 형질을 가진 개체가 태어날 수 있습니다. 다양한 개체 중에는 변화된 환경에서 잘 적응하는 개체가 나타나 우성 인자로 자리잡게 됩니다. 이런 우성 인자는 유전을 통해 후대에 전달되어 개체가 멸종되지 않고 계속 번성할 수 있게 하는 것입니다. 또한 새로 태어난 후손들 중에는 기생생물이 기생하기 어려운 형질도 나타날 수 있습니다. 이 경우 다른 개체보다 유리한 자신의 형질을 후손에게 물려줄 수 있는데 이것이 유성생식이 유리한 점이라는 것입니다. 하지만 기생생물들도 이에 뒤지지 않기 위해서 계속 진화하기 때문에 진화는 끝없는 경쟁입니다. 이것을 『이상한 나라의 앨리스』에 나오는 붉은 여왕을 본떠 '붉은 여왕 가설'이라고 합니다. 여하튼 성이 출현한 이유에 대한 정답이 밝혀진 것은 아니지만 분명한 것은 성의 출현으로 다양한 생물이 출현하게 되었다는 것이고, 성이 생물에게 어떠한 형태로든 이익을 주었다는 것입니다.

## 인간은 왜 나이가 들수록 약해질까?

지난 수백 년 동안 삶의 질이 개선되면서 사람들의 평균 수명은 엄청나게 늘어났습니다. 이러한 통계적인 수치를 보고 사람들이 장수를 기대하는 것은 당연한 일입니다. 하지만 이러한 통계에 속아서는 안 될 것이 있습니다. 이 통계에서 평균 수명은 유아기와 청소년기 사망률이 줄어듦으로 인해서 늘어난 것이며 예나 지금이나 최고령자의 나이는 별로 늘어나지 않았다는 사실입니다.

성(性)을 발명하게 되면서 개체들은 영원한 삶을 포기했다고 하지만 그렇다고 꼭 인간이 늙어야 하는 것은 아닙니다. 추억의 애니메이션 〈은하철도 999〉에 등장하는 기계인간들과 같이 기계 몸으로 바꾸거나 우리 몸의 세포를 암세포와 같은 능력을 갖도록 한다면 영원히 살 수도 있을 것입니다.

기계의 몸은 부품을 계속 바꾸면 된다고 하더라도 암세포는 다소 생뚱맞게 들릴지도 모릅니다. 하지만 암세포는 주인의 목숨을 단축시키지만 아이러니하게도 자신은 영원히 살 수 있는 능력을 가지고 있습니다. 다만 모든 세포는 양분이 공급되어야 살 수 있습니다. 암세포가 영원히 살 수 있는 능력이 있다고 해도 양분이 공급되지 않는 상황에서 살아남을 수 있는 것은 아닙니다. 세계의 많은 연구실에서 연구되고 있는 '헬라 세포(HeLa cell)'라는 암세포가 있습니다. 주인인 헬리에타 랙스의 앞 글자를 따서 명명

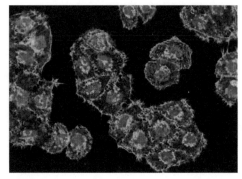

■ 헬라 세포.
헬라세포는 실험 배지(培地)의 영양과 온도만 적절하게 유지된다면 무한정 분열이 가능하다고 합니다.

된 헬라 세포는 죽지 않는 세포입니다. 1951년 미국 볼티모어에 살던 헬리에타 랙스는 진단 8개월 만에 자궁경부암으로 죽었지만 존스홉킨스 병원 연구진에게 전달된 그녀의 암세포는 55년이 지난 지금까지 살아 있습니다. 물론 헬라 세포도 주인 몸에서 분리되지 않았다면 주인의 죽음과 함께 같이 죽었을 것입니다. 하지만 몸에서 분리되어 배양 접시에서 배지(培地)를 통해 양분이 계속 공급됨으로 인해서 아직까지도 죽지 않고 살아 있습니다. 헬라 세포는 주인이 몸에서 분리되고 난 후에도 수천 번 이상 분열했지만 앞으로도 조건만 유지된다면 죽음을 모르고 생존할 수 있습니다.

우리는 태어나면서부터 계속 나이를 먹는 과정인 노화(aging)의 과정과 노년기에 들어 신체가 악화되어 가는 과정인 노쇠(senescence)를 구분하지 않고 사용하지만 이 둘은 서로 다른 현상입니다. 노쇠는 나이를 먹어가면서 발생하는 노화에 의해 야기되는 것으로 여러 가지 질병에 걸릴 위험성이 증가한다거나 손상을 복구하는 능력이 감소하는 등의 현상을 말합니다. 일반적으로는 노화와 노쇠를 구분하지 않고 사용하고 있어서 우리

가 흔히 노화라고 하는 것은 노쇠를 말합니다. 나이 먹는 것은 어쩔 수 없기 때문입니다. 노쇠 자체는 질병이 아니라 모든 신체적 능력이 서서히 감퇴되어 가는 것으로 세포에 무작위적인 손상이 축적되어 생기는 현상입니다. 우리 몸이 나이가 들어가면서 알츠하이머병, 암이나 감염, 자가 면역성 질환과 같은 수많은 질병에 점점 더 약해져가는 현상이 바로 노쇠인 것입니다. 하지만 노쇠는 나이 들어가면서 무조건 오는 것이 아닙니다.

인간은 피터 팬의 나이(10~11세)가 되면 노화가 시작됩니다. 하지만 피터 팬은 노화가 시작되자마자 노화가 멈춰버린 캐릭터지요. 모든 사람들이 피터 팬과 같은 상태를 유지한다면 평균 나이는 1,200세 정도가 될

### 피터 팬은 노화한 걸까? 노쇠한 걸까?

것입니다. 그리고 그러한 사회에서는 적어도 1만 살은 먹어야 장수하는 노인의 반열에 오를 수 있겠죠.

노화에 관한 이론은 매우 많아 300여 가지나 됩니다. 이것은 아직도 노화의 메커니즘을 정확하게 이해하지 못했다는 반증이기도 합니다. 그 중에 정답이 있을 수도 있으며, 모두 틀린 이론일 수도 있습니다. 그중 몇 가지만 살펴볼까요?

## 노화에 관한 몇 가지 이론

첫 번째 노화이론은 노화가 자유 라디칼(free radical)이라고 하는 분자에 의해 일어난다는 것입니다. 화학반응시에도 떨어지지 않는 원자단을 라디칼이라고 하는데요. 전자는 짝을 지어야 안정한데 자유 라디칼은 짝을 짓지 않은 전자가 있는 경우입니다. 때문에 자유 라디칼은 주변의 분자로부터 전자 하나를 얻는 반응(주변의 세포를 마구 공격하는 일)을 잘 일으키기 때문에 노화의 원인으로 지목받습니다. 세포가 살아가는 데 필요한 에너지를 만들어내는 세포내 발전소인 미토콘드리아에서 이러한 자유 라디칼이 만들어집니다. 자유 라디칼에 의한 공격이 누적되면 노화가 가속화 됩니다.

두 번째 노화이론은 노화가 유전자와 관련이 있다는 것입니다. 장수하는 집안의 자손들이 더 장수하는 경향이 있는 것을 보면 유전의 영향도 무시할 수 없다는 생각이 듭니다. 또한 초파리 연구에서 INDY(I'm not dead yet) 유전자를 조작한 초파리의 수명이 두 배로 늘어나거나, 생쥐 연구에서 유전자 변형을 가한 생쥐의 수명이 30%까지 늘어난 것을 볼 때 이 이론은 매우 타당성이 있어 보입니다. 하지만 이러한 실험의 결과는 일부 생물의 실험 결과이며 인간의 경우 어떤 유전자가 장수에 관련되어 있는지는 아직 모릅니다. 유전자 하나의 돌연변이에 의해 발생하는 조로증(progeria)은 아이들의 피부를 노인처럼 얇아지게 하고, 대머리가 나타나게 합니다. 그래서 병의 이름도 조로증이라 부르기는 하지만 사실 이 병은 일찍 늙어가는 것이 아닙니다. 늙었을 때 발생하는 대부분의 병이 오는 것이 아니라 일부 노화 증세만 나타나게 됩니다. 진화적 관점에서는 적지 않은 수의 유전자들이 노화를 유발하는 데 개입하고 있으며, 이들 중 몇몇은 삶을 살아가는 데 핵심적인 기능을 할지도 모른다고 여겨집니다. 즉, 나이가 들어서는 치명적인 질병으로 발전하는 유전자도 어린시절 생존에는 도움을 줄지도 모른다는 것입니다. 따라서 다윈의학을 연구하는 과학자들은 대표적인 노인성 질병인 알츠하이머병이 생의 초기에 어떤 도움을 주는지 연구할 필요가 있다고 주장합니다. 여하튼 일란성 쌍둥이 연구에 의하면 인간의 수명은 20~30%가

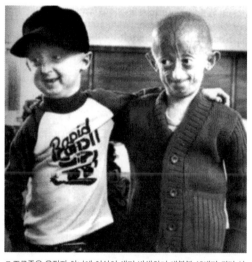

■ 조로증은 유전자 하나에 이상이 생겨 발생하며 대부분 10대가 되면 심장병으로 사망한다고 합니다.

유전에 의한 것이라고 합니다. 키가 유전자의 영향을 65% 정도 받는 것에 비해 많은 영향력은 아니지만 그래도 노화가 유전자와 관계있다는 것은 확실하다고 할 수 있습니다.

세 번째 노화이론은 세포분열 횟수에 제한이 있기 때문에 노화가 일어난다는 이론입니다. 영화 〈아나콘다2〉에서는 혈난초라는 불로초를 먹고 거대해진 아나콘다가 등장합니다. 혈난초는 세포들이 '헤이플릭 한계 (Hayflick Limit)'를 극복할 수 있게 해주기 때문에 노화를 막을 수 있다고 합니다. 헤이플릭 한계란 정상적인 세포의 세포 분열 한도를 말하는데요. 1961년 레너드 헤이플릭과 폴 무어헤드는 세포 분열에 한계가 있다는 사실을 발견합니다. 물론 이전까지 사람들은 세포가 계속 분열할 수 있다고 믿었습니다. 시험관에서 적당히 조절만 한다면 얼마든지 세포는 계속 분열시킬 수 있다고 생각한 것입니다. 하지만 헤이플릭은 세포를 아무리 잘 관리해도 50~60번쯤 분열하면 분열을 멈추고 얼마 뒤 죽어 버린다는 것을 알아냅니다.

또한 갈라파고스 거북의 경우 헤이플릭 한계가 110번입니다. 장수하는 동물일수록 더 많은 횟수의 세포분열 능력을 가지고 있다는 것이 알려지면서 헤이플릭 한계가 노화의 본질이 아닐까 하는 생각을 하는 사람도 많았습니다. 하지만 헤이플릭 한계가 노화와 관련 있다고 해도 '세포분열 한계=노화'라는 생각을 받아들이는 과학자는 그리 많지 않습니다. 세포분열 한계가 노화의 모든 현상을 만족스럽게 설명하지 못할뿐 아니라 세포분열이 끝났다고 세포들이 곧 죽는 것이 아니기 때문입니다. 배양접시 관리만 잘한다면 세포분열이 끝난 후에도 살게 할 수 있습니다.

재미있는 것은 종족 번식과 관련된 생식세포와 암세포는 헤이플릭 한계가 없다는 것입니다.

세포가 일정 횟수만 분열하는 것에 대한 가장 유력한 설명은 염색체 끝에 있는 말단소체(telomere, 텔로미어)가 짧아지기 때문이라는 것입니다. 말단소체는 염색체를 보호하기 위한 반복 염기서열로 일명 '노화시계'라고 불리기도 합니다. 인간의 경우 '티티에이지지지(TTAGGG)'가 2,500번 반복(6개의 염기×2,500=15,000개의 염기)되어 있습니다. 이것이 세포분열을 할 때마다 짧아지게 되며 더 짧아질 수 없게 되면 세포분열을 멈추고 죽게 됩

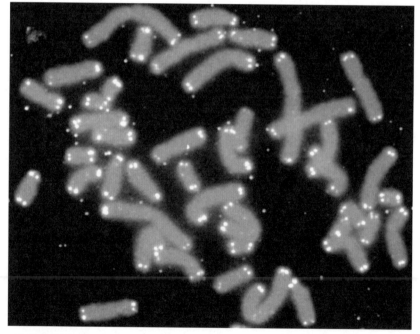

■ 염색체 속 말단소체(텔로미어).
텔로미어는 염색체의 말단에 반복적으로 존재하는 유전물질의 특이한 형태로, 종말체(終末體)라고도 합니다. 염색체의 손상이나 다른 염색체와의 결합을 방지하는 기능을 가지고 있고 세포가 한번 분열할 때마다 그 길이가 조금씩 짧아집니다.

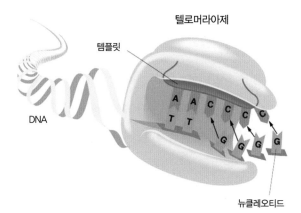

니다. 생식세포나 암세포에는 이 말단소체가 짧아지는 것을 막는 텔로머라아제(telomerase)라고 불리는 효소가 있어 말단소체가 짧아지지 않습니다. 따라서 텔로머라아제의 활동을 억제한다면 90% 가량의 암이 정복될 수 있는 것입니다.

■ 세포 안 염색체 말단에서 DNA는 TTAGGG라는 염기서열이 반복됩니다. 아무런 유전자의 기능도 하지 않는 이것이 점점 닳아 짧아질수록 노화와 죽음에 이르는 현상이 나타납니다. 텔로머라아제는 염색체의 양쪽 끝에 말단소립을 부착해 염색체를 보호하는 역할을 하는 효소를 말합니다.

노화에 관한 몇 가지 이론들을 살펴봤습니다. 현재 노화 방지 제품과 약들이 많이 나와 있지만 이러한 제품들이 수명을 연장시켜 주지는 못합니다. 오래 살고 싶다면 이러한 약보다는 적게 먹는 것이 가장 확실한 방법입니다. 또한 남자보다 여자로 태어나는 것이 유리합니다. 피터 팬이 남자이지만 사실 남자들은 여자들에 비해 평균적으로 수명이 7년 정도 짧습니다. 여자가 남자보다 오래 산다는 것은 전 세계적으로 공통 사항입니다.


## 피터 팬, 늙지 않는 법을 알려 줘!

영원한 삶에 대한 이야기는 『피터 팬』에만 등장하는 것은 아닙니다. 중국의 진시황제가 불로초를 구하기 위해 동방으로 사람을 보냈다는 이야기나, 십자군 원정의 중요한 목적 중 하나가 '젊음의 샘'을 찾는 것이었다는 야사가 있는 것처럼 영원한 삶을 바라는 인간의 욕심은 시대와 장소를 초월합니다. 이와 같이 동서고금을 막론하고 많은 사람들이 피터 팬이 되고 싶어 했기 때문에 피터 팬 이야기가 오래도록 많은 사람들의 사랑을 받는지도 모르겠습니다. 하지만 고대로부터 이어져온 인류의 이러한 온갖 노력에도 불구하고 아직까지 젊음의 샘은 발견되지 않았습니다. 노화를 막아준다는 음식과 각종 요법들이 난무하고 있지만 어느 하나 공식적으로 효과를 인정받지는 못했습니다. 단적으로 말하면 수많은 기업에서 '노화를 막아준다(또는 효과가 있다)'고 주장하거나 광고하지만 사실은 노화의 여러 현상 중 단지 몇 가지 증세에만 효과가 있을 뿐입니다. 따라서 소위 항노화식품이나 노화방지제는 모두 가짜이며 아직까지 노화를 조금이라도 막아줄 수 있는 약은 개발된 적이 없습니다.

　노화를 막아준다는 음식 중 그 효능이 널리 알려진 것은 바로 항산화제(antioxidant)를 포함한 신선한 과일과 야채입니다. '노화를 막아주는 붉은 색 과일 토마토'나 '젊음을 유지시켜주는 마늘' 등과 같이 과일과 야채에 대한 예찬론은 더 이상 언급할 필요가 없을 만큼 많습니다. 노화가 자유 라디칼에 의해 일어난다면 항산화제는 자유 라디칼의 활동을 방해하기 때문에 노화 방지에 효능이 있을 수 있습니다. 하지만 아쉽게도 아직까지 과일과 야채가 노화를 막아준다는 과학적인 근거를 찾지는 못했습니다. 그렇다고 신선한 과일이나 야채가 건강에 도움을 주지 못하는 것은 아닙니다. 과일과 야채는 암이나 심장병을 줄여주며, 기미나 주근깨를 없애주는 등 건강이나 피부 미용에 많은 도움을 주는 것은 확실합니다.

　자유 라디칼은 인체의 대사 과정상 필수적으로 생기기 때문에 몸도 오랜 진화의 과정을 통해 자유 라디칼로부터 몸을 보호할 방법을 가지고 있습니다. 자유 라디칼은 세포 한 개당 하루에 1만 회 정도의 손상을 가한다고 합니다. 몸이 100조 개의 세포로 이루어져있으니, 몸은 하루에 1만×100조 번의 공격을 받는 셈입니다. 이렇게 많은 공격을 받고도 멀쩡한 이유는 이러한 공격을 막아주는 메커니즘이 있기 때문입니다. 과산화돌연변이억제효소(SOD, superoxide dismutase)라는 화합물이 바로 그것인데 자유 라디칼이 인체에 큰 피해를 입히기 전에 이를 중화시키는 역할을 합니다.

성장호르몬에 의해 젊어졌다고 느끼는 노인의 이야기가 TV에 소개되는 것을 본 적이 있을 것입니다. 한때 성장호르몬이 마치 젊음을 유지시켜 주는 젊음의 샘으로 알려져 많은 사람이 이를 찾기도 했습니다. 성장호르몬이 이렇게 알려진 것은 성장호르몬이 근육조직이나 피부 탄성도를 높여주어 마치 젊어진 것처럼 착각에 빠지게 하기 때문입니다. 하지만 성장호르몬 투여를 중지하면 이러한 효과도 곧 사라집니다. 또한 호르몬의 장기 투여는 부작용을 일으킬 위험이 있기 때문에 이를 널리 적용하기도 어렵습니다.

짧아진 말단소체를 다시 복구시키는 방법을 통해 효모나 초파리, 쥐의 수명을 증가시켰다는 연구 결과가 있습니다. 또한 인간의 세포도 텔로머라아제를 이용해 수명을 증가시킨 연구도 있었습니다. 하지만 이러한 연구를 사람에게 적용시켜 수명 연장에 성공했다는 연구 결과는 아직 없습니다. 늙어 죽을 때 사람은 말단소체가 짧아져 더 이상 세포 분열이 일어나지 않아서 죽는 것이 아니라 오히려 암과 같이 말단소체가 짧아지지 않아 무한 분열하기 때문에 죽는 경우가 더 많습니다. 따라서 최근 말단소체의 연구는 노화의 원인을 밝혀내기보다는 암 치료를 목적으로 하는 경우가 많습니다.


## 피터 팬도 몰랐던 장수비법 대공개

많은 사람들이 다양한 방법을 통해 노화를 막아 보려고 노력했지만 아직 이렇다 할 방법을 발견하지는 못했습니다. 다만 과학자들은 실험을 통해 적게 먹으면 오래 산다는 것을 발견했습니다.

이러한 결론은 쥐의 먹이를 줄이는 실험을 통해 얻어냈는데, 쥐에게 먹이를 극도로 제한했더니 수명이 30% 이상 증가했습니다. 사람에게도 이와 같은 효과가 얻어질 것은 분명합니다. 사람의 수명을 쥐 실험에서와 같이 늘이기를 원한다면 열량 섭취를 현재 하루 2,500칼로리에서 1,750칼로리로 줄여야 합니다. 배고픔의 고통을 감내하고도 소식(小食)을 해야 하는지는 의문스럽습니다만 소식이 장수의 원인인 것은 확실합니다. 참 빼

먹은 것이 하나 있습니다. 소식 실행 전에 알아둬야 할 사항입니다. 먹이를 박탈당한 쥐는 오래 살기는 했지만 자손을 남기지는 않았으며, 짝짓기에 별 관심을 보이지 않았다고 합니다. 후손계획이 있거나 결혼계획이 있는 분은 고려를 해야 할 듯합니다.

1980년대 이후 노화방지 신약 개발을 위한 벤처기업들이 등장하고, 오늘날 노화방지(anti-aging) 비즈니스는 엄청난 시장으로 변했습니다. 지난 2000년 서울대 의대 노화연구실의 박상철 교수팀은 세포에서 노화가 진행될 때 세포벽에 '카베올린(caveolin)'이라는 단백질이 증가하고 이 물질이 세포의 신호전달체계를 방해한다는 사실을 밝혀냈다고 합니다. 이와 같은 연구들이 세포를 젊게 할 수 있는 방법을 알려줄지도 모릅니다.

지금까지 누구도 공식적으로 130년 이상을 산 사람은 없습니다. 여러 곳에서 130년 이상을 산 사람의 이야기가 들리기는 하지만 사실 믿기 어렵습니다. 왜냐하면 그 나이가 되면 그 사람의 나이를 증명해 줄 수 있는 것은 주변의 이야기나 노인의 기억력밖에 없는데, 이 때문에 최장수 노인을 공식적으로 찾는 일이 쉽지만은 않다고 합니다. 앞으로도 한동안 130살 이상 되는 노인은 보기 어려울 것으로 과학자들은 예상하고 있습니다. 과학자들이 노화에 대한 연구를 거듭하고 있지만 아직 누구도 피터 팬이 될 수 있는 방법을 찾지는 못했다는 뜻입니다. 물론 미래에는 피터 팬만큼은 아니라도 훨씬 오래 살 수 있는 방법이 나올지도 모르지만 아직까지는 피터 팬이 되려고 하기보다는 주어진 시간을 더욱 유용하게 사용하는 것이 현명한 것 같습니다.

투명해지고 싶은
인간의 무한한 욕망

너무나도 유명한 전래동화 『도깨비 감투』의 이야기는 이렇습니다. 한 농부가 우연히 얻게 된 도깨비 감투로 남의 물건을 훔치게 됩니다. 보이지 않는 자신의 모습을 이용해 도둑질하는 데 재미를 붙인 농부는 계속 남의 물건을 훔치게 됩니다. 그러다가 어느 날 담뱃불에 도깨비 감투가 구멍이 나자 부인에게 기워달라고 합니다. 이후에도 농부는 계속 도깨비 감투를 쓰고 물건을 훔치다가 그만 사람들에게 붙잡혀 흠씬 두들겨 맞게 됩니다. 농부가 사람들에게 두들겨 맞은 이유는 부인이 감투의 구멍 난 부분을 붉은 천으로 꿰매는 바람에 붉은 천이 사람들 눈에 띄었기 때문입니다. 이 일로 농부의 아내는 너무 많이 욕심을 부렸다고 생각하고 도깨비 감투를 태워버리게 됩니다. 이 전래동화는 비록 과학적인 상상력이 뒷받침된 것은 아니지만 인간이 투명해졌을 때의 심리가 잘 묘사되어 있습니다. 남의 눈에 띄지 않게 되었을 때 얼마나 쉽게 인간의 도덕성이 무너지는지를 보여주는 최고의 심리학서입니다.

## '투명하다'는 것의 과학적 해석

주변 색으로 쉽게 피부의 색을 바꿀 수 있는 카멜레온이나 오징어와 같이 동물들이 가진 놀라운 보호색과 비교할 때 인간은 너무 눈에 잘 띕니다. 다른 동물의 눈에 잘 띈다는 것은 다른 동물에게 공격당할 위험이 많다는 뜻과 같습니다. 이와 같이 특별한 보호색을 가지지 못한 인간의 본능이 만들어 낸 것이 바로 투명인간이라고 할 수 있을 것입니다.

동물의 세계에서는 보호색을 통해 색이 변하는 형태가 아니라 아예 투명한 몸을 가진 녀석들도 있습니다. 잘 알려진 바와 같이 해파리는 투명하게 보입니다. 또한 물고기 중에서도 근육이나 피부가 투명한 녀석이 있습니다. 그렇다면 과연 인간은 투명해질 수 없을까요?

■ 보호색을 활용하는 대표적인 동물 카멜레온.

세상에는 많은 물질이 있습니다. 종이와 같은 물질은 불투명하여 물체 뒤의 모습을 볼 수 없지만, 유리와 같은 물질은 뒤쪽의 모습을 그대로 볼 수 있게 해 줍니다. 이와 같이 세상에 존재하는 물질은 어떤 것은 투명하고 어떤 것은 불투명합니다. 인간의 몸을 구성하고 있는 물질의 70%를 차지하는 물은 투명하지만 나머지 물질들은 그렇지 못합니다. 이 불투명한 물질 때문에 인간은 투명하게 될 수 없습니다.

물체를 볼 수 있는 것은 빛이 있기 때문이라는 정도는 아실 겁니다. 일단 투명한 물체를 이해하기 위해서는 빛의 성질을 알아야 합니다. 빛은 물체를 만나기 전에는 직진하는 성질을 가지고 있는데, 물체를 만나면 흡수되거나 반사 또는 투과하게 됩니다. 파동이 공간상을 진행할 때 파동을 전달해 주는 물질을 매질이라고 합니다. 음파의 매질은 공기가 되고, 물결파의 매질은 물이고, 지진파의 매질은 지각입니다. 이와 같이 주변 대부분의 파동이 전파되기 위해서는 매질을 필요로 합니다. 하지만 빛은 이와 달리 매질이 없어도 공간을 이동해 갈 수 있습니다. 이 때문에 한때 태양과 지구 사이에 에테르라고 하는 가상의 매질이 있다고까지 생각한 과학자들이 있었습니다. 실험을 거쳐 에테르는 존재하지 않는다고 확인되었으며, 빛은 매질이 없어도 진행해 간다는 것도 알게 되었습니다. 여하튼 빛을 흡수하거나 반사하는 물체는 불투명하게 보이고, 투과시키는 물체는 투명하게 보입니다.

따라서 '투명하다'는 것은 '빛이 어떤 물체를 투과했다'는 의미이며 빛을 투과시킬 수 있는 물체가 투명체가 되는 것입니다. 설명이 너무 당연하다고 느낄지 모르지만 이 당연하게 보이는 사실을 정확하게 이해하기 위해서 과학자들은 양자역학이라는 아주 어려운 학문이 등장할 때까지 기다려야 했습니다. 빛은 광자(또는 광양자)라고 하는 아주 작은 알갱이로 되어 있습니다. 광자는 영어로 photon(포톤)이라고 하는데, 게임 〈스타크래프트〉나 영화 〈스타트렉〉의 팬이라면 친숙하게 느껴질 수도 있을 것입니다. 광자는 때로는 당구공처럼 입자로 때로는 파도처럼 파동으로 행동합니다. 이를 빛의 이중성이라고 합니다.

어떤 물체가 빛을 투과시킬 수 있는가는 그 물체를 구성하는 원자나 분자의 특성에 달려 있습니다. 물질을 구성하는 원자 속의 전자는 광자를 흡수하기도 하고 흡수한 광자를 다시 방출하기도 합니다. 즉, 흡수한 광자를 원래의 진행 방향으로 다시 방출하게 되면 광자는 물체를 통과하는 것입니다. 한때 인기 있었던 TV프로그램 중에서 똑같이 생긴 세 명의 용만이가 나와 호빵을 먹었다가 다시 토해내는 것을 연속적으로 한 후에 호빵을 먹은 용만이를 찾는 '호빵 먹은 용만이'라는 퀴즈프로가 있었습니다. 이 퀴즈에서 물질의 전자를 용만이, 호빵을 바로 광자라고 생각하면 투명한 이유를 이해할 수 있습니다. 즉, 유리와 같이 투명한 물체의 경우 광자를 흡수한 후 연속적으로 재방출하는 과정을 통해 반대편으로 광자가 그대로 전달되게 합니다. 이것은 마

■ 광자의 이미지.
광자란 양자론(量子論)에서 빛을 특정의 에너지와 운동량을 가지는 일종의 입자적인 것으로 취급할 경우에 생각하는 빛의 입자입니다.

치 불을 끄기 위해 기다랗게 줄을 선 사람들이 물통을 나르는 과정과 비슷하다고 할 수 있습니다. 이러한 식으로 유리로 들어간 광자는 연속적인 흡수와 재방출 과정을 거치면서 마치 아무것도 없었던 것처럼 통과하게 됩니다. 대표적으로 우리는 유리를 투명하게 느낍니다. 반복하자면 광자는 유리를 통과하면서 어떤 전자에게도 흡수되지 않고 그냥 지나가 버리기 때문에 투명하게 되는 것입니다.

이제 우리가 입고 있는 옷이나 우리 몸이 왜 불투명한지 대충 이해했

### ☀ 세계최초! 투명인간을 보여드립니다

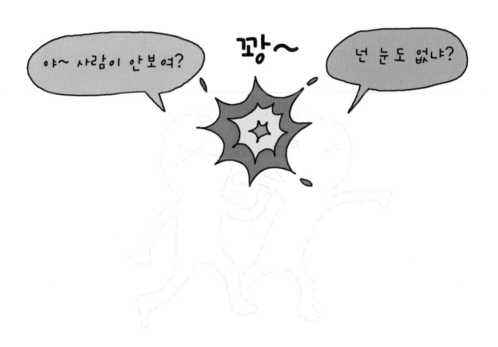

야~ 사람이 안보여?

꽝~

넌 눈도 없냐?

\* 주)투명인간을 열심히 그렸습니다. -그린이-

을 것입니다. 그것은 우리가 입고 있는 옷에 있는 원자들이 광자를 흡수해 버리기 때문에 불투명한 것입니다. 옷이 광자를 흡수한 후 새로운 파장을 가진 광자를 내보내기도 하는데 이때 광자의 파장에 따라 다양한 색깔로 보이게 되는 것입니다. 금속이 특유의 금속광택을 내는 이유도 금속 표면의 자유전자가 광자를 흡수하자마자 바로 방출해 버리기 때문에 그러한 광택을 띠게 되는 것입니다. 만약 유리처럼 투명한 금속을 만들 수 있으면 좋겠지만 이것은 금속 자체의 특성이기 때문에 투명하면서 금속의 성질까지 가진 물질을 만들기는 어렵습니다.

## 절대 투명의 지존 '진공상태'

방금 유리는 투명하다고 했지만 실제로 유리는 눈에 보입니다. 사실 완전한 투명체는 진공(眞空)밖에 없습니다. 이 말은 빛이 지나갈 때 아무런 영향을 주지 않는 것은 진공밖에 없다는 이야기입니다. 유리를 통과할 때 빛은 직진해서 그대로 통과하기 때문에 아무런 변화가 없는 것 같지만 사실 빛의 속력에는 변화가 생깁니다. 이러한 빛의 속력 변화 때문에 빛은 다른 물질을 통과할 때 굴절하게 됩니다. 이렇게 빛이 다른 물질을 통과할 때 굴절하는 것을 이용해서 안경이나 망원경을 만들게 됩니다.

빛이 물질을 통과해서 굴절되는 정도를 굴절률(refraction index)이라고 합니다. 굴절률은 진공에서 빛의 속력을 매질에서의 빛의 속력으로 나누어 준 값으로 정의합니다(또는 입사각의 sin 값을 굴절각의 sin 값으로

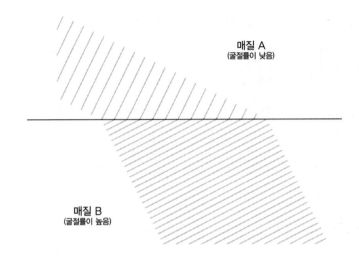

나누어준 값, 즉 굴절률 n = $\sin\theta_1/\sin\theta_2$ 으로 표시하기도 하는데 이를 스넬의 법칙이라고 부릅니다). 진공에서 빛의 속력이 가장 빠르기 때문에 물질의 굴절률은 항상 1보다 큰 값이 됩니다. 진공은 1, 공기는 1.00029, 물은 1.33, 벤젠은 1.501, 유리는 1.5정도(유리의 종류에 따라 조금씩 다릅니다)의 굴절률을 가지고 있습니다. 따라서 유리잔은 공기나 물 속에 있을 때와 달리 벤젠 속에 넣어 버리면 굴절률 차이가 적게 나기 때문에 잘 보이지 않게 됩니다.

단, 판유리에 수직으로 들어가는 빛은 굴절하지 않는데, 이 때문에 건물의 대형 유리창에 색이 없는 경우 사람들이 간혹 부딪치기도 하는 것입니다. 콘택트렌즈를 꼈는지 언뜻 봐서는 알 수 없지만 렌즈를 눈에서 빼내 손바닥에 올려놓으면 렌즈는 잘 보입니다. 이렇게 렌즈가 손바닥에서 잘 보이는 것은 눈의 수정체와 렌즈 사이의 굴절률보다 공기와 렌즈 사이의 굴절률 차이가 많이 나기 때문입니다. 이러한 측면에서 보면 투명한 물고기들은 물과 몸의 굴절률 차이가 별로 나지 않는다는 점을 이용해서 아주 효과적으로 자신의 몸을 숨길 수 있습니다.

굴절률은 같은 물질이라도 밀도에 따라 다른 값을 가지기도 합니다. 아지랑이는 서로 밀도가 다른 공기 사이에 빛이 지나가면서 굴절을 일으키게 됨으로써 공기의 흐름이 보이는 것입니다. 이 때문에 똑같은 공기 사이에 빛이 지나가더라도 아지랑이가 피어오르는 것을 관찰할 수 있게 되는 것입니다.


## 미션 임파서블, 투명인간 되기

투명하다는 것의 의미를 제대로 이해했다면 '인간이 투명하게 된다는 것이 불가능하다.'는 사실에 맥이 빠질지도 모릅니다. 인간은 투명인간이 되어버리면 몸을 구성하는 물질의 특성이 사라져 버리기 때문에 신체 각 기관이 제 기능을 수행하기 어렵게 됩니다. 예를 들어 피가 붉은 것은 산소를 운반하는 헤모글로빈이 붉기 때문입니다. 피가 투명해진다는 것은 더 이상 헤모글로빈의 특성을 가지지 않는다는 뜻입니다. 헤모글로빈이 제대로 기능을 하지 못한다면 산소를 운반하지 못해 질식할 수도 있습니다. 피부의 멜라닌 색소는 피부의 색을 결정하고 자외선을 차단시켜 피부 아래 조직을 보호하는 역할을 합니다. 멜라닌 색소가 없다면 피부 아래 조직은 보호를 받지 못해 피부암에 걸릴 확률이 매우 높아집니다. 이외의 다른 신체 조직도 마찬가지입니다. 신체 조직들이 같은 물질로 되어 있다면 복잡한 여러 가지 기능을 수행하지 못할 것은 자명합니다. 하지만 다른 물질로 되어 있다면 물질마다 굴절률이 다르기 때문에 굴절률 차이에 의해 신체의 형태가 드러나게 됩니다. 여하튼 몸을 구성하는 물질 중 원래 투명한 물 정도만이 원래의 기능을 수행할 수 있을 것 같습니다.

물을 제외하고 인간의 신체 조직 중 딱 한 군데 투명한 신체 조직이 있습니다. 그곳은 다름 아닌 눈 속 수정체입니다. 안구의 수정체는 놀랍도록 투명합니다. 수정체를 통해서 물체를 볼 때 수정체가 있다는 사실을 느끼지 못하기 때문에 수정체가 완전히 투명하다고 할 수 있습니다. 수정체도 세포로 구성된 몸의 일부이기 때문에 단백질로 구성되어 있음에는 틀림없습니다. 실제 수정체는 60~70%의 물과 크리스탈린(crystallin)이라 불리는 단백질과 기타 단백질로 이루어져 있습니다. 하지만 인체의 다른 기관과 달리 투명합니다. 수정체를 이루는 세포들이 투명한 것은 수정체 세포가 되면서 세포내 소기관들이 파괴되어 없어졌기 때문입니다. 이렇게 다른 모든 것을 희생함으로써 수정체 세포가 얻은 것은 바로 가시광선을 투과시킬 수 있는 능력입니다.

해파리와 같이 다른 동물도 투명한 신체 부위를 가지고 있지만 이러한 것은 투명도에 있어 수정체에 비할 바가 못 됩니다. 수정체는 단단하면서도 유연하고 여러 층의 세포로 되어 있지만 각층은 광학적으로 균질하게 연결되어 있어 빛을 반사시키지 않는 놀라운 조직입니다. 유리도 투명하기는 하지만 여러 층으로 쌓게 되면 층의 경계가 드러나게 됩니다. 이는 유리와 유리 사이가 광학적으로 균질하지 않아 다른 매질의 경계면에서 빛이 반사되기 때문입니다. 이러한 현상은 유리가 깨져 금이 갔을 때도 발생하는데 금은 유리 사이에 층을 만들어 경계면에서 빛을 반사시키기 때문에 빛나 보입니다. 하지만 수정체는 여러 층의 세포가 절묘하게 맞물려 있어 어떠한 각도에서도 반사가 일어나지 않습니다.

수정체는 투명한 조직이 되기 위해 세포라면 으레 갖추고 있어야 할 세포내 소기관들이 모두 파괴되고 사라졌습니다. 가장 중요한 핵이나 미토콘드리아, 골지체 등과 같은 세포 소기관들이 하나도 없는 것입니다. 따라서 수정체는 살아 있지만 살아 있는 게 아닌 별난 세포입니다. 핵이 없으니 세포분열을 할 수도 없고, 세포분열을 할 수 없으니 손상이 되면 새로운 세포로 재생도 안 됩니다. 따라서 수정체 손상은 신경의 손상과 같이 돌이킬 수 없는 치명적인 손상이 될 수 있는 것입니다. 이와 같이 투명한 조직이 되는 것은 힘든 일입니다.

그런데 만약 어떤 사람이 힘들게 온몸의 조직을 수정체와 같이 투명한 조직으로 바꾸었다고 해보죠. 이것으로 완벽한 투명인간이 된 것일까요? 그렇게 생각하면 큰 오산입니다. 해파리나 물 속에 사는 투명 물고기의 경우 물과 굴절률이 비슷하기 때문에 눈에 잘 띄지 않겠지만 물 밖에서는 잘 보이게 됩니다. 투명인간이 물의 밀도와 비슷하다면 물 속에서는 굴절률 차이가 나지 않아 잘 보이지 않겠지만 물 밖에서는 얼음 조각상과 같이 다른 사람의 눈에 보이게 됩니다. 물론 투명인간이 공기의 밀도와 비슷할 경우에는 물 속에 들어가는 실수를 저지르지 않는다면 공기 중에서는 잘 보이지 않을 것입니다. 하지만 물에 들어갈 일이 없다고 하고 공기와

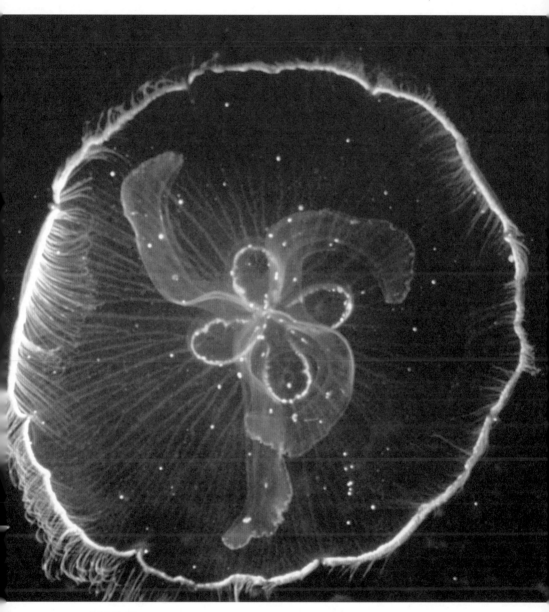

■ 바다 속 해파리.
　인간의 피가 붉은 색인 이유는 혈액 속의 적혈구에 포함된 철 이온이 붉은색이기 때문입니다. 그러나 연체동물의 혈액
　에는 특별한 색소가 들어있지 않기 때문에 그냥 투명하게 보입니다.

같은 밀도의 투명인간이 된다고 가정해도 어려움은 남습니다. 공기 중에 투명하기 위해서는 공기와 같은 밀도를 가져야 하는데, 그렇게 되면 더 이상 인간이라고 할 수 없게 되어 버립니다. 즉, 공기처럼 된다는 것은 그것이 공기라는 뜻이고 따라서 공기로 된 인간은 더 이상 인간이 될 수 없습니다. 그래서 아쉽게도 완전한 투명인간이 된다는 것은 불가능합니다.

## 투명인간은 눈이 보이지 않는다

마지막으로 불가능에 대해서 이야기를 하나 더 해보도록 하죠. 인간 눈의 수정체와 같은 정도의 투명도를 가진 인간이 되는 법인데요. 수정체와 같은 세포조직으로 투명한 몸이 되었더라도 완벽한 투명인간이 되는 길은 멀고도 험합니다. 왜냐하면 완벽한 투명인간이 되어 남들이 나를 볼 수 없게 되면, 나도 남을 볼 수 없다는 문제가 발생하기 때문입니다. 농부가 도깨비 감투를 쓰고 남의 물건을 훔치기 위해서는 물건이 있는 장소까지 길을 찾아 가야 하는데, 도깨비 감투를 쓰는 순간 장님이 된다면 물건을 훔치기 어려울 것입니다. 투명인간이 위력을 발휘하기 위해서는 남은 나를 보지 못해도 나는 남을 볼 수 있어야 합니다. 남도 나를 못 보고 나도 남을 못 본다면 그것은 '투명장님인간'이라고밖에 할 수 없을 것입니다. 그렇다면 투명인간이 되었을 때 장님이 될 수밖에 없는 이유는 무엇일까요?

우리의 눈은 자연이 만들어 낸 매우 정밀한 광학기기라고 할 수 있습니다. 빛의 양에 따라서 순간적으로 반응하는 조리개(홍채)를 가지고 있고, 가까운 곳에서 먼 곳을 보더라도 바로 초점을 맞출 수 있는 렌즈(수정체)를 가지고 있습니다. 망막에 상이 맺히면 광학적 신호를 순간적으로 전기적 신호로 바꿔서 뇌로 보냅니다. 또한 눈알을 싸고 있는 맥락막은 단순히 눈의 구조만 유지시키는 것이 아니라 어둠상자 역할을 해서 상이 선명하게 맺히도록

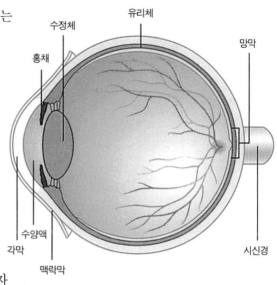

● 눈의 구조

합니다. 이렇게 눈의 각 부분이 정밀하게 작동하는 덕분에 눈은 인간이 만든 어떤 카메라보다 뛰어난 성능을 발휘합니다. 눈이 최상의 성능을 발휘하기 위해서는 어느 한 부분이라도 이상이 생기면 안 됩니다. 물체를 정확하게 보기 위해서 눈을 구성하고 있는 조직이 모두 필요한 것입니다.

이렇게 정밀한 눈과 달리 투명인간의 눈은 형편없는 성능을 가질 것입니다. 첫 번째 투명인간의 눈은 어떤 빛도 굴절시키지 못합니다. 앞에서 이야기한 대로 빛을 굴절시키게 되면 굴절시킨 부분이 보이게 되기 때문에 투명인간의 각막과 수정체는 공기와 같은 굴절률을 가지게 됩니다. 두 번째 수정체에서 빛을 굴절시키는 정도를 봐준다고 하더라도 망막에 상이 맺히는 것은 피할 수 없습니다. 망막에 상이 맺히게 되면 마치 홀로그램이

보이듯이 상이 맺히는 것이 노출될 것입니다. 더구나 이 상은 맥락막이 없는 상태이기 때문에 형편없이 흐리게 됩니다. 마치 바늘구멍 사진기의 통을 투명 비닐로 만들어 사진을 찍으려고 하는 것과 같은 것입니다. 이러한 문제 때문에 투명인간은 거의 장님이나 다름없는 형편없는 시력을 가지게 될 것입니다.

## 최후의 수단, 투명망토 만들기 프로젝트

결론적으로 사람의 인체가 투명인간이 된다는 것은 불가능합니다. 하지만 인체가 투명인간이 될 수 없다고 해서 투명하게 모습을 감출 수 없다는 것은 아닙니다. 광학적으로 얼마든지 존재하는 것을 존재하지 않는 듯이 보이게 하거나 그 반대로 할 수 있습니다. 이것은 과학적으로 전혀 불가능하지 않으며, 단지 기술상의 문제일 뿐입니다.

2003년 도쿄대학교의 다치 스스무(Tachi Susumu) 교수팀은 '투명망토'를 개발해 많은 사람들을 놀라게 했습니다. 비록 영화 〈해리포터〉에서와 같이 완벽하게 투명하지는 않지만 그래도 투명망토를 만드는 것이 불가능하지 않다는 것을 보여주었습니다. 그렇다면 스스무 교수는 어떻게 투명망토를 만들었을까요?

빛은 진행 도중에 다른 매질을 만나지 않으면 계속 직진하게 됩니다. 사람들이 '빛은 직진하는 것'이라고 느끼기 때문에 신기루와 같은 재미있는 현상들이 생기기도 합니다. 빛은 사막의 열기에 의해 뜨거워진 공기를 통과할 때 굴절하게 됩니다. 하지만 우리는 굴절한 빛을 굴절한 것으로 인식하는 것이 아니라 직진에 의해 눈에 도달한 것으로 느낍니다. 따라서 하늘에 호수가 떠 있는 환상을 보게 되는 것입니다.

스스무 교수의 투명망토도 근본적으로는 사람이 빛을 직진하는 것으로 인식하는 것을 이용한 것입니다. 즉, 빛이 그대로 통과할 수 없다면 빛이 물체를 뚫고 통과한 듯한 효과를 주면 되는 것입니다. 이를 위해 스스무 교수는 외투의 표면에 역반사 현상을 일으키는 물질인 역반사체(대표적인 역반사체는 도로 한 중간에 있는 코너큐브 프리즘이나 자전거 뒤쪽에 붙어 있는 반사체입니다. 역반사체에 빛을 비추면 마치 불이 켜진 듯이 보입니다. 이것은 들어온 빛을 들어온 방향으로 그대로 되돌려 보내기 때

■ 빛을 분산시키는 프리즘.
분산이란 백색광이 프리즘을 통과할 때
굴절되면서 각 색깔의 진동수 차이로
인해 색깔이 펼쳐지는 것을 말합니다.

문에 나타나는 현상입니다)를 함유하고 있는 작은 유리구슬을 붙인 후 뒤쪽의 장면을 촬영하여 이 옷에 투영시켜 만들었습니다. 이는 옷을 극장의 스크린과 같이 만들고 뒤의 장면을 찍어서 보여준 것과 같은 원리입니다. 이렇게 하면 우리 몸을 뚫고 지나온 빛을 보는 것과 같은 착각을 일으킵니다. 사과를 큰 거울 뒤에 두고 거울 앞에 서면 거울 뒤 사과는 보이지 않고 거울에 비친 자신만 보게 됩니다. 이와 같은 현상들은 빛이 항상 직진하기 때문에 생깁니다.

하지만 아직까지 영화 속에서와 같이 완벽한 투명인간이 될 수 있는 장비가 만들어지지는 않았습니다. 투영되는 동영상의 해상도가 낮아서 금방 구분이 되기 때문입니다. 투명망토가 완벽하게 작동하려면 1,160만 화소의 6개의 입체카메라와 초고속컴퓨터를 내장해야 합니다. 투명망토를 만들기 위한 노력이 일본에서만 있었던 것은 아닙니다. 2005년 3월에 미국 펜실베이니아 대학에서 두 명의 과학자가 물체를 투명하게 할 수 있는 이론적인 방법을 발표했습니다. 또한 2006년 1월 26일자 모스뉴스에 의하면 러시아의 한 과학자도 투명망토에 대한 특허를 냈다고 합니다. 그는 러시아 율라노브스크 주립 대학교의 올레그 가돔스키(Oleg Gadomsky) 교수로 금 나노 기술을 연구하다가 투명망토를 개발하게 되었는데, 빛의 복사를 전환하는 방법으로 만들었다고 합니다. 특허 출원 중이라 자세한 원리는 밝히지 않았지만 빛이 흡수되고 반사되는 과정을 왜곡시켜 투명하게 보이게 만든 것으로 생각됩니다.

이와 같은 많은 노력들이 계속된다면 머지않은 미래에는 거의 완벽한 수준의 투명망토가 만들어질 것입니다. 하지만 이러한 투명망토가 있다고 하더라도 도깨비 감투를 쓴 주인공과 같은 특혜를 누리기는 어려울 것입니다. 투명인간은 가시광선 영역에서만 투명할 뿐 적외선은 발산하기 때문에 적외선 감지기에 의해 쉽게 들통날 것이기 때문입니다. 물론 적외선을 산란시키고 감지를 방해하는 스텔스 기술(Stealth Technology)을 통해 또다시 숨을 수 있을지도 모릅니다. 결국 투명인간 세계에도 무한 경쟁이 시작된 것인지도 모르겠습니다.

허술한 보안 장치가 부른
아라비안나이트의 비극

왕비에게 배신당한 페르시아 왕은 그에 대한 앙갚음으로 새로운 왕비를 얻어 하룻밤을 지내고 죽입니다. 이러한 일이 반복되던 어느 날 한 대신의 딸이 자진해 왕의 시중을 들겠다고 합니다. 새로운 왕비인 세헤라자데는 밤마다 기막힌 말솜씨로 왕에게 재미있는 이야기를 들려주기 시작합니다. 왕비의 이야기에 재미를 느낀 왕은 다음 날 왕비를 죽이지 않고 천일 밤 동안 이야기를 듣게 됩니다. 결국 왕은 왕비의 말솜씨에 감동 받아 자신의 잘못을 깨닫고 어진 정치를 펼치게 됩니다.

왕비의 이야기를 엮어 만들었다는 『천일야화(아라비안나이트)』는 아랍 문학의 최고봉으로 1704년 프랑스의 동양학자인 앙트완 갈랑(Antoine Galland)에 의해 불어판으로 유럽에 소개됩니다. 『천일야화』는 180개의 주요 이야기에 100편의 짧은 이야기가 곁들여져 있습니다. 갈랑의 경우 다소 임의적인 번역이었던 데 반해 1885년 리차드 프랜시스 버튼은 원본에 충실한 최초의 완역본을 내놓기도 합니다.

『천일야화』는 정확하게 누가 지었는지는 알 수 없으나 적어도 2명 이상의 인물에 의해 쓰였다고 보고 있습니다. 『페르시아 민화집』을 기원으로 한다는 설이 있으나 책이 남아 있지 않아 정확한 것은 알 수 없다고 합니다.

　『천일야화』가 오늘날의 형태를 갖춘 것은 13세기쯤으로 보고 있으며, 아랍의 이야기뿐 아니라 주변 지역의 이야기까지 곁들여 있어 인류의 중요한 문화유산 중 하나입니다. 가장 널리 알려진 이야기인『알리바바와 40인의 도둑』과『알라딘과 요술 램프』는『천일야화』의 원전에는 없는 것을 갈랑이 프랑스판으로 옮기면서 첨가했다고 합니다.

　『알리바바와 40인의 도둑』은 아마 문헌상 나타나는 최초의 해킹 금융사고(?)일 것입니다. 알리바바라는 성실해 보이는 나무꾼이 남(비록 도둑이지만)의 비밀번호를 해킹해 얻은 보물로 부자가 된다는 이야기입니다. 알리바바는 형에게 비밀번호를 누설하게 되고 이를 눈치 챈 주인에게 추적당합니다. 하지만 원주인인 도둑들은 보물에 무선 인식 시스템(RFID, Radio Frequency Identification)을 붙이거나 위치 추적 시스템을 설치하지 않아 도난품 수사에 어려움을 느낍니다. 우여곡절 끝에 도둑인 알리바바의 위치를 알아내고 보복하려는 순간 하녀에게 암살된다는 것이 전체 줄거리입니다. 이 이야기의 현대적 교훈은 비밀번호를 함부로 관리하다가는 큰일을 당하게 된다는 것이겠지요?

　도둑들이 보물이 있는 동굴(금고)을 열기 위해서는 주문이 필요했습니다. 너무도 많이 알려져 이제는 흔해져 버린 "열려라 참깨"는 "수리수리마수리" "아브라카다브라(Abracadabra)"와 함께 가장 널리 알려진 주문입니다. 물론 이 동화가 알려지기 전까지는 널리 사용되지 않았으니 이러한 주문을 사용했다고 해서 도둑의 두목이 바보라고 할 수는 없을 것입니다.

그렇다면 왜 하필 참깨였을까요? 혹시 농담으로 하는 이야기와 같이 "열려라 참깨(open sesame)"의 영어와 발음이 비슷한 "open says me"에서 왔거나 참깨가 열을 받아서 꼬투리가 열릴 때 나는 소리가 동굴 문이 열릴 때 나는 소리와 비슷해서일 가능성도 있습니다. 또는 귀신을 쫓기 위해 소금을 뿌리듯이 중동지방에서는 참깨가 주술적인 의미를 가지고 있기 때문일 수도 있습니다. 즉, 재수가 없을 때 집 앞에 소금을 뿌리는 것과 같은 의미로 사용한 것일 수도 있습니다.

도둑들이 동굴의 입구에서 외는 것이 '주문'이라고 하지만 사실은 가장 오랜 보안 시스템 중의 하나인 암구어입니다. 암구어는 상대방이 "불량감자"라고 물으면 미리 짜두었던 답변인 "물고구마"라고 대답을 해야 하는 것입니다. 만약 답변을 "군고구마"라고 한다면 암구어를 모르고 있는 적으로 간주되어 공격을 받을 수 있습니다. 적과 아군을 구별하기 위한 암구어는 가장 오래된 보안체계일 뿐 아니라 아직도 가장 흔하게 사용되는 보안방법입니다. 이러한 암구어는 묻는 말에 정확하게 답변을 해야 한다는 의미에서 컴퓨터에서 사용하는 비밀번호(패스워드)와 같은 역할을 한다고 할 수 있습니다. 비밀번호는 신용거래에서부터 컴퓨터 프로그램의 접속에 이르기까지 가장 널리 활용되는 사용자 인식 방법입니다. 즉, 비밀번호를 알고 있는 사람은 출입을 할 수 있는 자격이 있는 사람이라는 뜻인 것입니다.

따라서 마법의 동굴은 정확한 비밀번호를 알고 있는 알리바바를 동굴에 출입할 수 있는 사람이라고 인정하고 문을 열어줬던 것입니다. "은행직원은 절대 고객의 비밀번호를 묻지 않습니다."라는 경고문을 본 적이 있을 것입니다. 이는 고객의 비밀번호를 도용해서 통장의 돈을 인출해 가는 금융 사고를 막기 위한 것입니다. 이런 것에 비춰보면 동굴 앞에서 비밀번호를 큰 소리로 외치는 동굴 시스템은 보안에 문제가 많은 것입니다. 은행에 가보세요. 은행원도 볼 수 없는 조그만 비밀번호 입력기로 개인이 번호를 입력하게 되어 있습니다. 동굴도 가까이에서 속삭이듯이 주문을 외울 수 있는 시스템이었어야 하는 것입니다.

## 40인의 도둑, 비밀주문을 잊어버리다

엄청난 양의 보물이 보관되어 있는 창고가 이렇게 간단한 보안 시스템으로 작동하고 있다는 것이 이후에 큰 비극을 불러왔다고 할 수 있습니다. 도둑들은 자신들이 잃어버린 보물을 찾으려다가 결국 비참한 최후를 맞게 되며, 남의 비밀번호를 도용해서 금품을 훔친 알리바바는 엄청난 부귀영화를 누리고 행복하게 살게 됩니다. 재미있는 것은 알리바바의 이 방법을 쓰는 도둑들이 실제로 있었다는 것입니다. 현금 지급기 뒤에서 비밀번호를 알아낸 뒤 카드를 소매치기 하는 수법이 바로 그것입니다. 여하튼 오늘날 보안의 중요성은 날이 갈수록 증가하고 있습니다.

## 도둑들은 왜 생체인식 시스템을 도입하지 않았을까?

도둑들이 동굴 입구에서 주문을 외울 때 마법의 동굴문은 최첨단 시스템인 음성인식 시스템을 갖추고 있지 않았나 생각이 듭니다. 하지만 마법의 동굴문은 소중한 보물을 지키기에는 너무나 허술한 장치라는 것이 곧 드러납니다. 보물의 주인이 아닌 알리바바가 같은 주문을 외워도 너무 쉽게 문이 열려 버렸기 때문입니다. 도둑들이 이러한 피해를 막기 위해서는 동굴문에 마법을 걸 때 단순한 음성인식뿐만 아니라 개인식별까지 가능하도록 옵션을 추가해야 했습니다. 개인식별 기능까지 추가했더라면 알리바바가 앞에서 아무리 주문을 외쳐 본들 동굴문은 열리지 않았을 것입니다.

개인신원(identity)의 일치 여부를 확인하는 과정을 개인식별(Identity

Verification)이라고 합니다. 오늘날과 같이 개방된 정보화 사회에서는 보다 안전하고 신뢰성 있는 사용자 확인이 필수적인데요. 개인이 일일이 방문해 자신의 신원을 확인받은 뒤 거래나 정보교환을 해야 한다면 이는 굉장히 비효율적일 것입니다. 따라서 개인이 직접 상대방과 접촉하지 않고도 안전하게 일이 처리되기 위해서는 정확한 신분 확인 시스템이 필요합니다.

신원확인의 필요성은 정보화 사회에서 갑자기 등장한 것이 아닙니다. 부족들이 통합되어 국가를 이루어 살기 시작할 때부터 신원확인이 필요했습니다. 부족 정부에서는 중앙에서 관리를 임명해 지방에 파견했습니다. 이때 파견되는 관리들은 중앙에서 파견된 관리라는 것을 증명하기 위해 명령서, 즉 특별한 표식을 가지고 다녔습니다. 예를 들어 암행어사의 경우 마패가 그들의 신분을 증명했고, 영화 〈벤허〉에서 벤허는 노예에서 다시 귀족이 되었음을 반지를 통해서 증명합니다. 하지만 이러한 구시대적 신분 증명 방식은 위조나 도용이 너무 쉬운 단점이 있었습니다. 누구나 마패를 만들거나 훔치면 암행어사 행세를 할 수 있으니까요. 이러한 것을 막기 위해 등장한 것이 사진을 포함한 신분증입니다. 이 경우에도 사진을 바꾸는 수법을 통해 신분 위조가 가능하기 때문에 사진에 철인이나 관인을 찍어 둡니다. 또한 홀로그램이나 정교한 도안을 도입해 신분증을 제조합니다. 하지만 정교하게 만들어진 신분증이라 하여도 불법 제조자에 의해 복사되거나 분실할 가능성이 있습니다. 이러한 피해를 막을 수 있는 것이 개인이 타고나면서 지닌 신체 정보를 이용한 생체인식 시스템입니다. 생체인식 시스템은 음성인식 시스템과 같이 인간이 가진 생물학적 혹은 행동학적 특성을 토대로 개인을 식별하는 것을 말합니다.

생체인식은 남과 구분할 수 있는 개인의 고유한 특징 중 데이터화 시킬 수 있는 것이면 무엇이든 사용할 수 있습니다. 이때 생체정보는 개인이 지닌 행동학적 특징이나 신체적인 특징을 말합니다. 행동학적 특징은 서명 · 키보드를 치는 습관 · 음성 등으로, 신체적인 특성은 얼굴 · 지문 · 홍채 등으로 세분화할 수 있습니다.

생체정보라고 해서 모두 생체인식의 대상으로 사용되지는 않습니다. 그 사람만이 가지고 있는 특징이냐에 대한 판단의 근거가 있어야 한다는 것을 의미합니다. 이러한 기준에서 볼 때 행동학적 특징은 성장 단계에서 실제 환경적인 영향을 많이 받게 되므로 바뀔 수 있습니다. 때문에 영구적인 특성을 갖지 못할뿐더러 각 개인마다 유일한 근거를 찾기가 쉽지 않은 단점도 있습니다. 또한 생체인식에 사용되는 생체정보는 누구나 가지고 있는 보편적인 것이라야 합니다. 더불어 사람마다 다른 유일성을 가지고 있어야 합니다. 수시로 바뀌는 것은 좋지 않으며, 인식기의 사용에 대해 얼마나 많은 사람들이 수용할 의사가 있는지도 중요합니다. 그리고 편법적인 기술에 뚫리지 않는 안정성을 가지고 있어야 합니다.

현대사회에서 가장 널리 사용되고 있는 것

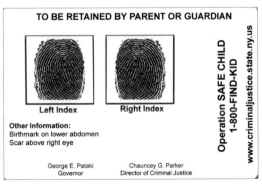

■지문을 이용한 신원확인.
지문은 태어날 때부터 개개인마다 다르게 부여되어 개인 신원확인으로 사용되는 대표적인 생체정보입니다.

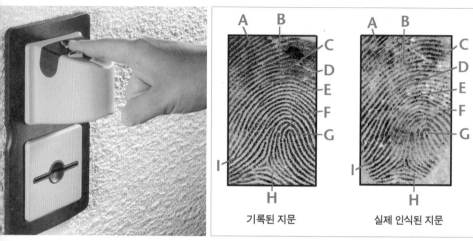

■ 지문인식기는 저장된 지문기록과 실제 출입자가 등록한 지문을 대조해 출입 허가를 결정합니다.

이 지문인식 장치일 것입니다. 영화 〈마이너리티 리포트〉에서와 같이 첨단 보안을 요구하는 곳에는 홍채인식 시스템도 많이 사용되고 있습니다. 최근에 등장한 지문인식 장치 중에는 손가락 지문의 곡선과 형태를 비교하는 방법이 아니라 손가락에 있는 땀샘을 감지해서 사용하기도 합니다. 미국의 '트루 페이스(True Face)'라는 기계는 일종의 얼굴인식기인데, 미리 저장된 얼굴과 접근을 하고자 하는 사람의 얼굴을 비교해서 구분해 내는 일을 합니다.

성능이 우수한 시스템이라면 인가된 사람에게는 접근을 허용하고 비인가자에 대해서는 접근거부를 해야 합니다. 우수한 지문인식기의 경우 다른 사람에 대해 접근을 허용하는 비율이 100만 번 중 겨우 25번 정도밖에 안 됩니다. 접근 거부 비율이 100만 번에 25번밖에 안 되니 매우 우수하다고 생각할 것입니다. 하지만 접근을 거부하는 비율이 낮다고 무조건 좋은 장치는 아닙니다. 모든 사람을 거부해 버리면 잘못된 접근 허용률은

0%가 되지만 이때는 나를 포함한 그 누구도 접근할 수 없어 아무런 쓸모가 없게 됩니다. 따라서 접근 허가된 사람에 대한 접근 거부율이 낮아야 좋은 장치라고 할 수 있으며, 지문인식기의 경우 보통 3% 미만입니다. 이 정도라면 크게 불편 없이 사용할 수 있는 수준이기 때문에 지문인식기가 널리 사용되는 것입니다.


## 2006 생체인식 시스템 분석

영화를 보다보면 항상 여러 가지 놀라운 생체인식 시스템들이 등장합니다. 그리고 영화 속에서나 가능해 보였던 이러한 생체인식 시스템이 어느새 일상 속으로 들어와 있습니다. 믿기지 않겠지만 초보적인 아날로그 생체인식 시스템은 이미 옛날부터 사용되어 왔습니다. 동화『늑대와 일곱 마리 아기 양』에서 엄마 양은 집을 비우면서 아기 양들에게 엄마가 아니면 절대로 문을 열어 주지 마라고 합니다. 하지만 늑대는 엄마 흉내를 냄으로써 손쉽게 집안으로 들어옵니다. 영화 〈카멜롯의 전설〉에서 악당은 어두운 밤에 다른 사람을 가장해 성에 접근하여 기네비에 공주를 납치해 갑니다. 이와 같은 것들은 단지 시각이나 청각에 의존하는 아날로그식 생체인식 시스템이 얼마나 취약한지를 보여줍니다.

2007년부터 정부에서는 생체인식 여권을 도입할 것이라고 합니다. 이미 2005년 1월에 위변조가 어려운 새로운 여권을 선보였는데 여기에 생체인식 기능까지 추가할 것이라고 합니다. 여권과 같은 신분증에 생체인식

기능의 추가는 국제적인 추세인데, 이러한 일이 가능해진 것은 근래의 생체인식 시스템이 매우 정교해졌기 때문입니다. 1980년대 이후에 등장한 컴퓨터와 생물특성 측정기술은 이 정교한 시스템을 가능하도록 했습니다. 생체인식 시스템의 원리는 매우 간단합니다. 개인의 특성을 측정하여 코드화시킨 후 개인 식별 번호(PIN)을 부여해 데이터베이스에 집어넣습니다. 타인이 데이터베이스에 접근하고자 할 때는 이 번호와 대조하여 허용 여부를 결정합니다. 쉽게 이야기해서, 개인의 정보를 디지털화하여 저장하고 저장된 데이터와 비교하여 합치되면 접근을 허용하는 것입니다.

생체인식 시스템 중 현재 가장 널리 사용되고 있는 것이 지문인식 시스템입니다. 지문은 손가락 표면에 존재하는 융선과 골로 이루어지며 융선의 내부에 땀샘을 가지고 있습니다. 이러한 지문은 물체를 잡을 때 미끄러짐을 방지하는 역할을 합니다(원숭이도 지문을 가지고 있는 것을 보면, 손을 사용하는 영장류에게 지문은 생활에 많은 도움을 주는 것 같습니다). 융선이 물체와 접촉하는 부분과 비접촉면의 차이를 이용하여 지문에 대한 정보를 얻게 됩니다. 융선의 모양은 태아 시기의 주변 환경에 따라서 좌우되고 개인에 따라 다르며, 다른 사람과 지문이 같을 확률은 10억 분의 1 정도로 매우 낮습니다. 심지어 일란성 쌍둥이조차도 서로 다릅니다. 효용성이 뛰어난 지문인식은 가장 많은 연구가 진행된 생체인식 기술이기도 하고 가장 많이 상용화 되어 있기도 합니다. 지문은 가장 오래된 범죄자에 대한 신상 정보 중의 하나로 범죄자 조사에 있어서 보편적으로 사용되고 있습니다. 이 때문에 지문 날인이나 스캔을 좋지 않게 생각하는 사람도 있습니다.

두 번째로 많이 활용되는 정보는 바로 눈에 있는 홍채입니다. 홍채에 있는 무지개 모양의 매우 가는 줄무늬 패턴은 지문보다 훨씬 뚜렷하기 때문에 매우 정확하게 개인인식이 가능합니다. 인간 홍채의 시각적 조직은 태아기에 발생과정을 겪으면서 형성되고 개인에 따라서 홍채도 다릅니다. 홍채 인식기가 정확도 면에서 뛰어나기는 하지만 이것을 사용해본 사람은 거의

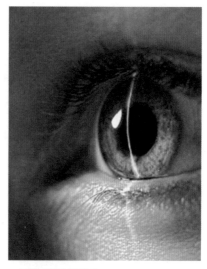

■ 홍채를 이용한 신원확인.
홍채에는 무지개 모양의 가는 줄무늬의 패턴이 있어 개인 신원확인 정보를 제공합니다.

없을 것입니다. 이는 홍채 스캐너가 지문 스캐너보다 가격이 비싸고, 무엇보다 사용자들이 출입할 때마다 눈을 가까이 가져가야 하는 데 거부감을 가지고 있기 때문입니다. 근래에는 안경에 홍채 사진을 부착할 경우 통과가 가능한 문제가 제기돼 살아 있는 사람에게 나타나는 동공반사를 확인하는 시스템도 연구 중이라고 합니다. 망막인식기는 망막에 분포하는 혈관을 통해 개인식별을 가능하게 합니다. 망막에 분포하는 혈관은 사람마다 다르고 위조가 불가능하기 때문에 높은 수준의 보안을 요하는 군대 같은 곳에서 사용됩니다. 하지만 여기에는 개인 건강에 대한 정보까지 들어 있어 개인 정보 보호에 걸림돌로 작용하기도 합니다.

음성인식기는 잘 사용되지는 않지만 사람마다 고유한 성문을 가지고 있기 때문에 활용이 가능합니다. 하지만 음성정보는 주위의 여러 가지 소

음에 영향을 받기 때문에 정확한 음성인식은 쉽지 않습니다. 또한 사용자의 감정이나 건강 상태에 따라 목소리는 수시로 바뀔 수 있기 때문에 본인 거부율이 높을 수 있다는 것이 문제점으로 지적됩니다.

이외에도 얼굴이나 귀, 손가락, 개인의 걸음걸이, 키보드 치는 습관 등이 생체인식정보로 사용가능합니다. 물론 영화 〈가타카〉에서와 같이 DNA로도 개인을 인식하는 데 사용할 수 있습니다. 〈가타카〉에서는 출입문에 엄지손가락을 가져가면 순간적으로 피를 빼내 DNA 검사를 하고 이로써 본인 신분을 확인합니다. 하지만 출입할 때마다 손가락을 바늘로 찌른다고 하는 것은 어째 좀 섬뜩하네요.


## 당신의 비밀번호는 안전한가요?


생체인식을 통해 본인임을 확인하는 것뿐 아니라 많은 정보들을 암호화해서 관리하는 것도 중요합니다. 『알리바바와 40인의 도둑』에서 도둑들이 저지른 최대의 실수는 비밀번호를 쉽게 누출한 것입니다. 이때는 중요한 정보를 암호화(cryptographic)하여 보호하는 것이 필요합니다. 과거에도 이럴진대 인터넷과 같은 개방된 환경에서는 암호화는 더욱더 필요한 기술이겠지요.

'숨겨진' '비밀'이라는 의미를 지니고 있는 암호(cryptograph)는 지정된 수신자 이외에는 그 뜻을 해석할 수 없게 되어 있는 숫자나 문자를 말합니다. 최초의 암호가 무엇이었는지는 알 수 없지만 암호가 상당히 오래

전부터 사용되었다는 것
은 분명합니다. 고대 그리
스에서는 장군을 파견할 때 '스
키테일(Scytale)'이라 불리는 암
호 양피지와 암호를 해석할 막대

■ 스키테일로 보내는 암호.
스키테일은 막대기를 이용해 보내고자 하는 정보를 조합하
도록 만든 간단한 암호 체계입니다.

기를 함께 들려 보냈다고 합니다. 16세기 스코틀랜드 메리 여왕은 스페인
으로 원조를 요청하는 암호 편지를 보냈다가 발각되는 바람에 잉글랜드
엘리자베스 여왕에게 참수를 당하기도 합니다. 갈릴레이와 같은 과학자는
자신의 발견을 암호로 기록하기도 했고 우리나라의 동학혁명 때는 주모자
의 이름을 알 수 없도록 사발통문에 둥글게 서명을 했다고 합니다. 한편
'수수께끼'라는 뜻을 가진 독일 암호기계인 에니그마(Enigma)가 컴퓨터
의 발달을 부채질하기도 했다는군요.

　암호는 약속한 사람을 제외하고 다른 사람이 봤을 때 그것을 해독하
지 못하게 하는 것이 목적입니다. 그렇다면 암호 해독법을 알지 못하는 사
람이 풀 수 없는 암호가 존재할까요? 물론 여기서 암호를 해독한다는 뜻
은 암호 해독기를 훔쳐서 암호를 해독하는 경우는 해당하지 않습니다. 암
호 해독 방법이나 암호 책이 누설될 경우 그 암호는 이미 암호로서의 기능
을 상실했다고 봐야 합니다. 하지만 이러한 경우를 제외하더라도 영원히
풀리지 않는 암호를 만든다는 것은 쉽지 않습니다.

　뛰어난 컴퓨터가 계속 출현하는 현실에서 암호를 해독하기 위해 충분
한 성능의 컴퓨터에 충분한 시간만 주어진다면 현실적으로 풀리지 않을
암호는 존재하지 않습니다. 그렇다면 컴퓨터와 시간에 대해 방어가 얼마

나 가능한가가 문제라는 것입니다. 즉, 빼내려고 하는 정보보다 더 비싼 컴퓨터가 필요하다거나 암호를 해독하는 데 수십 년 이상 걸린다면 이를 해독하겠다고 덤비는 바보는 없다는 것입니다.

현재 사용되는 암호 시스템 중 가장 안전하다고 여겨지는 것은 공개키 기반구조(PKI, Public Key Infrastructure)입니다. 공개키 기반구조는 '공

### 해킹 전문가 알리바바에게 미션임파서블은 없다

개키 암호'·'공인 인증서 및 인증기관'으로 구성되어 있으며 인터넷 상거래나 전자문서 등에 널리 사용되고 있습니다. 공개키 기반구조는 인터넷 뱅킹시에 인증서가 필요합니다. 인증서는 인증기관으로부터 발급을 받는데 은행에 가서 본인의 신분을 확인하고 발급을 받습니다. 이렇게 하여 인증서를 받고 나면 그 인증서를 가지고 인터넷 거래를 할 수 있게 됩니다. 이 방식이 안전하다고 하는 것은 공개키와 개인키의 이중구조로 되어 있어 누구나 공개키는 알 수 있어도 개인키는 거래자 본인만 알 수 있기 때문입니다. 즉, 내가 보낸 중요한 메시지를 중간에 가로챘다고 하더라도 개인키가 없으면 이를 해독할 수 없게 되어 있는 것입니다. 인터넷에서 쉽게 구할 수 있는 주민등록번호 생성기를 이용하여 번호를 따낸다고 하더라도 인증서가 없으면 아무런 소용이 없기 때문에 해킹을 방지할 수 있는 기술입니다. 하지만 지금 사용하고 있는 암호체계 중에서 안전하다고 여겨지는 공개키 기반구조가 앞으로도 절대 공격당하지 않으리라는 보장은 없습니다.

## 양자컴퓨터가 여는 양자암호의 시대

앞으로는 논리적으로 절대 풀리지 않는 소위 '철벽 암호'가 출현할 것으로 보입니다. 이는 양자역학을 응용한 양자암호입니다. 지금 사용되고 있는 대부분의 암호시스템은 사실 양자컴퓨터(quantum computer)가 출현하게 되면 무용지물이 될 것입니다. 양자컴퓨터는 현재의 컴퓨터와는 기본부터 다른 컴퓨터입니다. 지금의 컴퓨터는 비트(bit)라고 하는 0과 1의 두 가지 상태 중의 하나를 기본으로 합니다. 하지만 양자컴퓨터는 큐빗(qubit)이고 하는 0과 1이 중첩된 상태를 기본으로 합니다. 쉽게 설명하면 지금의 컴퓨터는 0이나 1의 두 가지 중 하나의 정보만 받아들이지만 양자컴퓨터는 두 가지 상태를 동시에 받아들일 수 있습니다. 따라서 하나하나 따로 계산하는 오늘날의 컴퓨터보다 동시에 계산할 수 있는 양자컴퓨터가 훨씬 빠를 수밖에 없습니다. 이렇게 동시에 여러 가지를 계산하는 방식을 병렬 연산이라고 하는데, 양자컴퓨터는 바로 병렬 연산이 가능하기 때문에 막강한 성능을 발휘할 수 있는 것입니다. 빨라진 양자컴퓨터는 거의 대부분의 암호시스템을 풀어버릴 것입니다. 양자컴퓨터는 대부분의 암호를 풀 수 있기 때문에 암호 자체가 아예 누설되지 않도록 하는 것이 최상의 방법인 것입니다.

하지만 뛰는 놈 위에 나는 놈이 있는 법! 양자역학을 이용한 양자암호는 암호 해독의 위험으로부터 정보를 보호할 수 있습니다. 양자암호로 전송한 암호는 중간에 누가 암호를 가로 채기 위해 접근하면 암호 자체가 변형되어 아무런 쓸모가 없게 되는 것입니다. 양자역학의 원리에 의하면 관찰자가 관찰하는 대상에 영향을 줍니다. 즉, 양자암호를 만들어 전송하는데 중간에 해커가 끼어들게 되면 끼어든 행동 자체가 전송한 암호에 영향을 주기 때문에 암호를 받은 사람은 중간에 해킹되었다는 사실을 알게 되는 것입니다. 또한 해커가 빼낸 정보는 이미 변질(?)된 정보이기 때문에 아무런 쓸모가 없게 됩니다. 이것은 편지를 읽어 보기 위해 봉투를 뜯자 봉투 속에 설치된 보안 장치에 의해 편지 내용이 자동으로 바뀌어 버린 것과 같습니다.

양자컴퓨터와 양자암호의 초보적인 기술은 이미 확보되어 시험 중에 있습니다. 이러한 기술이 현실화 된다면 완벽한 보안시스템의 구축이 가능할 것으로 보입니다. 하지만 이러한 세상이 오더라도 항상 보안에 구멍이 생길 가능성은 있습니다. 양자 암호가 만연한 세상에서는 007과 같은 스파이들도 첨단장비로 보안 시스템을 뚫으려고 하는 헛수고는 하지 않을 것입니다. 그들은 양자암호를 도저히 뚫을 수 없다는 것을 알고 처음부터 보안 취급자를 노릴 것입니다.

## 도둑님 동굴 도난방지 장치는 설치하셨나요?

이 동화 속에 등장하는 마법의 동굴은 현대의 자동 현금 인출기(ATM, Automated Teller Machine)나 다를 바 없습니다. 문이 열리면 보물을 찾아갈 수 있는 동굴은, 비밀번호를 알면 돈을 찾을 수 있는 현금 인출기와 많이 닮았습니다. 하지만 보안체계에 있어서는 천지차이입니다. 동굴문의 경우 보안장치라고는 누구나 쉽게 알 수 있는 비밀번호 하나밖에 없지만 ATM의 경우 현금카드와 비밀번호의 두 단계 확인을 거쳐야 돈을 찾을 수 있습니다. 또한 타인에 의해 인출되거나 ATM을 파손할 경우에 대비해 CC카메라로 촬영까지 합니다. 이것도 부족해 경비 회사에서 순찰까지 하고 있습니다. 도둑들은 생체시스템은 못하더라도 최소한 동굴 도난방지 장치 정도는 설치했어야 했습니다.

영화 〈미션 임파서블〉에는 압력 감지, 온도 감지, 동작 감지까지 되는 첨단 도난방지 장치가 설치된 방이 등장합니다. 요즘 학교들은 모두 경비 업체와 계약을 맺고 경비업무를 위탁합니다. 경비업체에서는 학교 창문과 문에 자석이 부착된 금속 스위치를 장치하고, 교실이나 교무실에는 동작 감지기를 설치합니다. 문에 설치된 금속 스위치는 문이 열리면 부저에 전류가 흘러 경보가 울리도록 되어 있습니다. 하지만 이 장치만 설치할 경우 창문을 깨고 침입하거나 이미 들어와 있는 침입자에 대해서는 무방비 상태가 됩니다.

이런 침입자의 움직임을 대비해 동작 감지기까지 설치됩니다. 동작 감지기는 적외선의 변화를 감지하여 갑자기 적외선 감도가 증가하게 되며 작동하도록 설계되어 있습니다. 이 정도의 도난방지 장치만 있었더라도 도둑들은 알리바바와 같은 초보 도둑의 침입은 막을 수 있었을 것입니다.

최근 판매되는 고급 차량에는 차량 도난을 막기 위해 이모빌라이저(Immobilizer, 도난방지 장치)가 장착되어 나옵니다. 이모빌라이저를 장착한 차량은 차주의 키가 아니면 차문을 억지로 열었다고 하더라도 차의 시동이 걸리지 않기 때문에 차량의 도난을 막을 수 있습니다. 영화를 보면 차문을 열고 운전대 아래 부분의 전선을 조작함으로써 시동을 걸 수 있었지만 이모빌라이저는 전기가 아니라 전자적인 조작으로 작동되기 때문에 정확한 암호가 전송되지 않으면 시동이 걸리지 않게 합니다.

더욱 진화된 자동차 키를 스마트 키라고 하는데, 아예 차주가 자동차를 떠나면 자동으로 문을 닫아주고 차에 다가오면 자동으로 문의 잠금을 해제합니다. 따라서 물건을 트렁크에 실을 때 키를 꽂는다거나 별도의 키를 조

■ 최신의 이모빌라이저.
  흔히 자동차 열쇠로 사용하는 이모빌라이저는 차의 새로운 보안시스템이 되었습니다.


작할 필요 없이 문을 열기만 하면 됩니다. 차량마다 다른 암호코드로 작동

하기 때문에 같은 차종이더라도 다른 차의 문은 열리지 않습니다.

　　이와 같이 요즘은 더욱 편리하고 더욱 안전한 보안 장치들이 많이 등

장하여 사용자를 안전하고 편리하게 지켜줍니다. 40인의 도둑들이 이러한

시스템을 갖추고 있었다면 알리바바는 감히 그들의 보물을 훔쳐가지 못했

을 것입니다.

## 과학의 편리를 누리기 위한 기본 조건

　해마다 개인 신분을 도용한 사기 사건이 증가하고 있다고 합니다. 우리나라의 경우 2005년 한 해에만 1,300건이 넘는 신분 도용 사건이 있었고, 단돈 10만 원에 남의 신분을 판다는 인터넷 사이트가 공개되어 사람들을 놀라게 했습니다. 신용카드 위조 장비를 이용하면 단 10분 만에 쉽게 가짜 카드를 만들 수 있어 매년 엄청난 양의 카드 사고가 발생하고 있습니다.

　1990년대 초반까지의 개인 신분확인 수단은 그 사람이 지닌 기억력에 의존하거나 자신이 소유하고 있는 소유물에 의존하였습니다. 예를 들면 자신이 가진 열쇠를 통하여 자신의 사무실에 들어간다거나, 40명의 도둑들과 같이 비밀번호를 통하여 정보나 돈을 인출합니다. 하지만 이러한 방법은 알리바바와 같이 신분도용에 대한 아무런 대체 방안이 없는 것과 마찬가지입니다. 도둑의 두목은 '열려라 참깨'와 같이 간단하고 단순한 비밀번호를 사용함으로써 피해를 자초했다고 할 수 있습니다.

　사람들은 무작위의 비밀번호는 기억하기 어렵기 때문에 자신과 관련

이 있는 번호나 1234와 같은 외우기 쉬운 번호를 사용하는 경향이 있습니다. 그래서 최근에는 전화번호나 생일과 같이 쉽게 추리할 수 있는 번호는 사용하지 못

하도록 하고 있는 것입니다. 일
부 사용자들 가운데에는 카드나
통장에 번호를 적어 놓기 때문
에 카드를 분실하게 되면 바로
피해를 보는 경우도 적지 않지만
비밀번호 관리 부실에 의한 피해
는 본인에게 있기 때문에 피해 보상
도 받지 못합니다.

■ 신분증 범람의 시대.
안전에 대한 인식이 강화되면서
출입이 허가된 자에 한해 신분증
을 발급하는 방법으로 보안강화를
꾀하고 있습니다.

　알리바바도 40인의 도둑도 몰랐던 생체인
식 정보를 활용한 신분증이나 신용카드를 요즘 우리는 매
우 편리하게 사용할 수 있습니다. 우리나라 여권이 바뀐 중요한 이유 중의
하나가 위조가 너무 쉽기 때문에 외국에서 도난 사건이 자주 발생한다는
것이었습니다. 도난 여권은 다른 범죄에 이용되기 때문에 우리나라 여권
을 소지한 사람에 대해 별도의 확인을 거치는 등 정당한 여권 소지자까지
피해를 보는 경우도 있었던 것입니다.

　최근 미국에서는 손등에 개인정보를 담은 무선 인식 칩을 넣은 사이
보그(cyborg)들이 늘어나고 있다고 합니다. 사람들은 칩을 통해 문을 열
고 컴퓨터가 켜지며 비밀번호가 입력되는 등 마술 같은 일이 벌어진다며
신기해 합니다. 개인 정보 보호의 중요성이 날로 커지는 상황에서 개인은
각자의 정보 보호를 위한 노력을 기울여야 합니다. 과학이 시대를 앞서 편
의를 제공한다고 해도 이를 올바른 방향으로 좇아가고자 하는 인간의 노
력이 없다면 과학은 한낱 불편과 불리함의 조건일 수밖에 없습니다.

살아 돌아온 토끼의
생존비법을 공개합니다

『별주부전』의 주인공은 재치 많은 토끼일 것 같지만 사실은 어수룩하고 충직한 신하인 별주부, 즉 자라입니다. 자라는 남해 용왕님의 병을 고치기 위해 토끼의 간을 구하러 육지로 나가고 꾀 많고 잘난 척 잘 하는 토끼를 꾀어서 용궁으로 데려오게 됩니다. 그러나 용궁에 도착한 토끼는 자라가 용궁 구경을 시켜주기 위해 자신을 데려온 것이 아니라 용왕님의 병을 치료하기 위해 잡아온 것이라는 사실을 알게 됩니다. 젊은 나이(?)에 이국땅에 와서 죽기는 너무도 억울했던 토끼는 자신의 간을 육지에 두고 왔다고 재치를 발휘해 육지로 돌아와 목숨을 건지게 됩니다. 토끼를 놓친 자라는 자신의 불충을 한탄하며 자살을 시도하려 하지만 자라의 충심에 감탄한 신령이 건네준 치료약을 받고 용궁으로 발길을 돌립니다.

『별주부전』은 판소리 『수궁가』에 이야기를 붙인 것으로 『토끼전』『토의 간』『토생원전』 등 여러 가지 이름으로 불리기도 합니다. 예전에는 달에 계수나무 한 그루와 함께 살던 토끼가 있었다면 요즘에는 인터넷에 살고 있는 엽기 토끼가 네티즌의 사랑을 받습니다. 최근에는 용왕님의 병은 토끼가 아니라 요구르트를 통해 치료가 가능하다는 새로운 광고가 등장하기도 했습니다. 요구르트로 병을 고친 용왕이 잠수함을 타고 육지로 올라와 인터뷰를 하면서 한 마디 합니다.

"이젠 토끼 끝이야."

## 폐로 숨쉬기 VS 허파로 숨쉬기

『별주부전』에는 뭔가 이상한 것이 있습니다. 눈치 못 채셨나요? 토끼가 깊은 물 속에 있는 용궁까지 무사히 갔을 뿐만 아니라 용궁에서도 멀쩡히 살아서 용왕님을 알현합니다. 어떻게 육지에 사는 토끼가 물 속에서도 멀쩡하게 살아있는 것일까요? 혹시 스쿠버 토끼?

수중 환경은 분명 토끼에게 맞지 않습니다. 수중 환경이 생활에 적합했다면 바다사자나 바다코끼리와 함께 바다토끼도 있었을지도 모릅니다. 여하튼 이 토끼의 정체가 바다토끼가 아님은 분명해 보입니다.

물고기는 수중에서 살 수 있지만 토끼의 경우에는 물 속에서 살 수 없습니다. 이는 물고기는 수중에서 호흡을 할 수 있지만 토끼는 그럴 수 없기 때문입니다. 그렇다면 물고기는 물 속에서 호흡을 할 수 있는데, 토끼나 사람은 할 수 없는 이유는 무엇일까요? 그것은 물고기의 아가미는 물속에서 호흡을 하기에 적당한 구조로 되어 있고, 사람의 폐는 공기 중에서 호흡하기에 알맞게 되어 있기 때문입니다. 이는 당연한 이야기인데, 물은 공기에 비해 3~5% 정도의 산소밖에 없기 때문에 사람이 공기와 같은 양의 산소를 얻기 위해서는 200배나 많은 물을 들이마셔야 합니다. 이렇게 많은 양의 물을 마실 수 없기 때문에 물고기들은 수중에서 호흡하기에 적당한 기관인 아가미를 가지고 있는 것입니다. 아가미는 최대한 물에 많이 접촉할 수 있는 구조로 되어 있고, 항상 물이 한 방향으로 흘러 산소가 풍부한 물이 계속 공급됩니다. 입을 통해 들어온 물은 영양분과 산소가 걸러지면 아가미를 통해 배출됩니다. 금붕어들이 입을 뻐끔거리는 것도 신선한

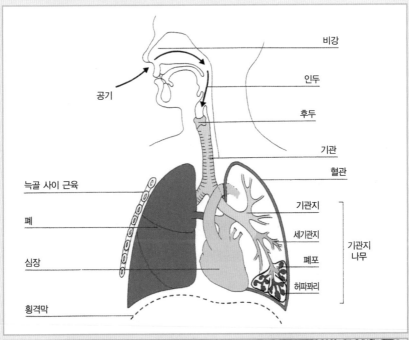

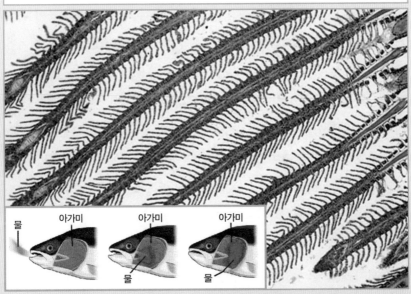

물을 아가미로 많이 보내기 위한 일종의 펌프 작용입니다. 대부분의 물고기들이 이렇게 펌프 작용을 하지만 참치나 상어와 같은 일부 어류들은 입을 벌리고 계속 헤엄을 쳐서 신선한 물을 계속 아가미로 보내기도 합니다.

또한 신선한 물의 흐름과 더러운 피의 흐름이 서로 반대가 되어 산소의 흡수율을 최대로 높여줍니다. 이것은 설거지를 할 때 더러운 그릇부터 먼저 더러운 물에 씻고 점점 깨끗한 물로 헹궈나가는 것이 깨끗한 물로 먼저 세척하는 것보다 효율적인 것과 같은 원리입니다.

물고기의 경우 물이 풍부하기 때문에 아가미 표면을 촉촉하게 하는 데 에너지를 낭비할 필요가 없다는 것이 육지 동물에 비해 유리한 점이라 할 수 있습니다. 산소는 촉촉한 표면이라야 녹아서 흡수될 수 있는데, 육지 동물의 경우 폐를 항상 촉촉하게 하기 위해 많은 수분과 에너지를 사용합니다. 유리창에 입김을 불면 뿌옇게 흐려지는 것도 폐 속에서 나오는 공기에 따뜻한 습기가 많기 때문입니다. 다행이 물고기가 온혈동물이 아니기 때문에 체온을 유지하는 데 많은 에너지가 필요하지는 않지만 덩치가 크거나 빨리 움직이는 물고기의 경우 호흡에 신경을 많이 써야 합니다.

그러나 물고기는 물 밖으로 나오면 산소가 훨씬 더 풍부할지라도 질식사를 당하게 됩니다. 이것은 물 밖에 나오면 아가미의 각 부분들이 붙어버려 산소를 받아들일 수 있는 표면이 급격히 줄어들기 때문입니다.

반면 사람이나 토끼가 물 속으로 들어갈 경우 산소가 부족하기 때문에 숨을 쉴 수 없습니다. 이는 사람이나 토끼 등의 포유류뿐만 아니라 자라와 같은 파충류도 마찬가지입니다. 이 때문에 자라나 거북이도 물 밖으로 나와서 숨을 쉽니다. 5분 이상을 물 속에서 견디기 힘든 인간의 능력에 비하면 30분 이상 잠수하는 바다표범이나 고래와 같은 해양 동물의 능력은 놀랍습니다. 하지만 이들 동물은 오래 잠수를 하기 위해 폐 속에 공기를 가득 넣어 다니지는 않습니다. 만약 폐 속에 공기를 가득 넣기 위해 폐를 부풀리게 되면 부력이 커져서 잠수를 할 수 없기 때문입니다. 또한 심해로 깊이 잠수하는 고래의 경우에는 압력을 많이 받기 때문에 폐가 상할 수도 있고, 잠수병에 걸릴 수도 있습니다. 따라서 이들은 잠수를 할 때 폐 속에 공기를 집어넣는 것이 아니라 오히려 빼내면서 잠수를 합니다. 해양 동물들이 이렇게 오래 잠수를 할 수 있는 것은 사람에 비해 더 많은 산소를 몸에 저장할 수 있는 신체 구조를 가지고 있기 때문입니다. 근육 속에는 미오글로빈이라는 헤모글로빈과 비슷한 단백질이 있습니다. 이 미오글로빈은 산소를 저장하는 역할을 하는데, 해양 동물들은 사람보다 훨씬 더 많은 미오글로빈을 가지고 있기 때문에 산소 저장 능력이 뛰어나고 오랜 시간 잠수가 가능합니다. 더불어 해양 동물들은 산소 없이도 근육을 움직일 수 있는 등 산소 소비량을 최소화 할 수 있습니다.

　그렇다면 호흡은 왜 이토록 중요한 것일까요? 물고기뿐만 아니라 모든 생물들이 살아가기 위해서는 에너지가 필요합니다. 생물들은 먹이를 소화시키고 이것을 산화시켜서 에너지를 얻습니다. 산화의 과정에서 산소가 필요한데, 이것이 바로 생물들이 호흡을 해야 하는 이유입니다. 호흡을 할 수 없다면 에너지를 얻을 수 없게 되고, 에너지를 얻을 수 없다면 세포들은 죽게 되는 것입니다. 세포가 죽게 되면 여러분도 죽게 되는 것입니다.

토끼가 용궁 구경을 하기 위해서는 호흡 외에도 해결해야 할 또 다른 문제가 있습니다. 바로 압력입니다. 인간도 토끼도 스쿠버 장비를 갖추면 물고기와 같이 바다 속을 다닐 수 있습니다. 하지만 산소를 공급받는다고 해서 무한정 바다 속으로 들어갈 수는 없습니다. 바로 압력 때문인데요, 미지의 세계 바다를 정복하기 위해 어떤 일들이 벌어졌는지 알아보지요.

잠수의 역사는 기원전 4,500년경 메소포타미아 지방의 진주잡이로 거슬러 올라갑니다. 이후 인류는 잠수종과 같은 여러 가지 장비를 가지고 잠수를 하였고, 잠함(Caissons)을 만들어 수중에서 작업을 할 수 있게 되었습니다. 와트의 증기기관에 의해 산업혁명이 일어나고 철도가 유럽의 전역으로 뻗어나가면서 강을 통과하기 위한 튼튼한 다리가 필요하게 되었습니다. 기차가 통과할 만큼 튼튼한 다리의 기초를 만들기 위해, 강바닥에서 노동자들이 작업을 할 수 있게 만든 것이 바로 잠함이었습니다. 잠함은 강철로 만든 종모양의 거대한 함을 강바닥에 가라앉히고 여기에 압축 공기를 불어 넣어 바닥을 통하여 작업을 할 수 있는 구조로 되어 있었습니다. 다리 건설뿐 아니라 터널이나 항구 건설을 위해 잠함은 더욱더 흔하게 사용되었고, 더 높은 생산성과 돈을 위해 잠함에서의 노동 시간은 점점 늘어났습니다.

그러자 잠함 속의 노동자들에게 구역질이나 근육의 경련, 멀미, 현기증, 발작 등 산소 중독 증세가 발생하였습니다. 잠함 밖으로 나온 노동자들이 피부 간지러움이나 현기증에 시달리고 심지어 정신을 잃고 사망하는 일이 자주 생겼습니다. 이와 같은 증세를 케이슨병(잠함병) 또는 잠수병(bends)이라고 불렀습니다. 잠수병의 원인은 19세기 프랑스 생리학자인 폴 베르(Paul Bert)가 잠수에 대한 연구를 하여 밝혀졌습니다. 높은 압력에서는 기체의 용해도가 증가하기 때문에 질소가 몸 안에 많이 녹아듭니다. 몸에 녹아 있는 질소는 몸이 급하게 물 위로 올라오게 되면 갑자기 줄어든 압력 때문에 기체로 바뀌게 되죠. 물론 서서히 올라오게 되면 질소가 폐를 통해 배출될 수 있지만, 급하게 올라오게 되면 혈액 속에서 기포가 되어 혈

■잠수부가 사용하던 잠수종, 위쪽에 연결된 선을 통해 산소를 공급합니다.

관을 막아 버립니다. 잠수병을 공기색전증(색전증은 혈관을 막아서 생긴 증세를 말합니다)이라고 부르는 이유가 여기 있는 것입니다.

깊은 물 속의 높은 수압이 잠수함이나 지상의 동물들에게는 큰 부담으로 작용합니다. 깊은 바다에 그냥 들어갈 경우 폐에 큰 수압이 가해져서 죽게 됩니다. 세계 최고의 잠수 기록이 153m를 넘지 못한 것도 바로 여기에 있습니다. 물론 스쿠버 장비를 이용하여 폐 안의 압력을 수압과 같이 조절해 주면 더 깊은 곳까지 잠수가 가능합니다. 하지만 이때에도 올라 올때 급하게 올라와서 물 밖으로 나오면 안 됩니다. 또한 대기 중의 공기를 압축하여 사용할 경우 산소나 질소 중독증세를 일으킬 수 있고 고압신경증 등의 문제를 발생시킵니다. 따라서 중독증세를 없애기 위해 200m 이내

의 잠수에서는 헬리옥스라고 하는 헬륨과 산소의 혼합기체를 사용합니다. 또한 200m 이상에서는 삼합가스라는 헬리옥스에 질소를 첨가한 가스를 사용합니다. 헬륨은 질소에 비해 용해도가 작아 혈액 속에 녹아드는 양도 적고 감압의 시간을 줄여주며 혼수상태를 유발시키지도 않습니다. 하지만 열전도성이 커 잠수부의 체온을 많이 뺏기 때문에 보온을 위해서는 열을 발생시키는 잠수복을 입어야만 합니다. 따라서 아무리 가스를 잘 조절해서 사용한다고 해도 600m 이상 잠수는 쉽지 않습니다.

## 물 속 호흡을 가능하게 하는 액체호흡술

인간은 물 속에서 물고기와 같이 숨을 쉬는 것이 오랜 희망이었습니다. 영화 〈워터월드〉에서 지구가 온통 물에 잠긴 세상에서 귀 뒤에 아가미가 달려 있는 주인공 마리너는 폐와 아가미를 동시에 갖고 있고 있어 수중에서 호흡으로 인한 불편을 겪지 않습니다. 인간이나 물고기나 모두 호흡을 해야 하며 산소를 통해 에너지를 얻는 원리는 동일합니다. 단지 물 속이냐 물 밖이냐의 차이밖에 없습니다.

따라서 인간도 폐 조직을 상하게 하지 않고 충분한 양의 산소를 공급할 수 있는 액체라면 그 속에서 숨을 쉴 수 있을 것입니다. 이와 같은 물질로는 산소를 풍부하게 포함한 플루오르화탄소 유탁액(Perfluorocarbon emulsion)이 그 후보가 될 수 있을 것입니다. 이 물질은 중요한 인공혈액의 후보로 생각되어 일찍부터 연구되어 온 물질이기는 하지만 아직

심해 잠수용으로 사용된 적은 없습니다. 알리안스 제약회사(Alliance Pharmaceutical Corp)에서 환자 치료용인 리퀴벤트(LiquiVent)라는 제품으로 판매되고 있을 뿐입니다. 이 물질을 통해 충분한 산소가 공급되기 위해서는 높은 농도로 산소가 녹아 있어야 합니다. 영화 〈어비스〉에서와 같이 이렇게 액체 호흡이 가능해진다면 인간은 폐가 찌그러지는 일이 없어 훨씬 더 깊은 곳까지 잠수가 가능해질 것입니다. 그렇다면 자라가 용궁의 뛰어난 기술을 이용해 토끼에게 액체 호흡을 시킨 것일지도 모르겠습니다.

아직까지 액체 호흡에 의한 심해 잠수는 어려울지 모르지만, 심해 잠수의 꿈을 포기하기에는 이릅니다. 캐나다 밴쿠버에 있는 한 회사에서 제작한 신형 잠수복 '하드슈트 2000(Hardsuit 2000)'이 있기 때문입니다[이 잠수복은 해저 2,000ft(약 610m)까지 잠수할 수 있어 하드수트 2000이라 이름 붙인 것 같습니다]. 마치 우주복같이 생긴 잠수복, 하드슈트 2000은 입을 수 있는 잠수함이라는 표현이 적당할지도 모릅

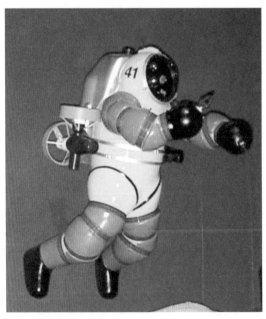

■하드슈트는 우주여행과 바다 속 여행 등에서 여행자의 신체를 보호하는 옷으로 사용되고 있습니다.

니다. 알루미늄 외피로 되어 있어 딱딱하고, 2.25마력짜리 모터가 2개 장착되어 있어 무게가 518kg이나 나가기 때문입니다. 딱딱하기는 하지만 관절이 있어 움직일 수 있기 때문에 수중 작업이 가능하다고 합니다. 이 잠수복의 최대 특징은 잠수복 내에 1기압의 공기가 공급되기 때문에 잠수병에 걸릴 염려가 없다는 것입니다. 일반 잠수복의 경우 수압이 잠수부에게 전해지기 때문에 깊은 바다 속 잠수를 위해서는 감압과정을 거쳐야 하지만 이 잠수복은 그러한 과정이 필요 없는 장점을 지니고 있습니다.

## 토끼를 구할 수 있는 복제기술의 탄생

동화를 패러디한 요구르트 광고가 있었습니다. 광고에 따르면 용궁에 도달한 토끼는 세상사에 찌든, 병든 토끼라 용왕님 약으로 사용하는 것은 고사하고 용왕님이 토끼의 간을 걱정하기에 이릅니다. 이후 속편 광고에서는 완쾌한 용왕이 잠수함을 타고 육지로 올라와 많은 인파에 둘러싸여 기자들의 취재 세례를 받기까지 합니다. 이렇게 토끼 간을 대신할 수 있는 어떤 약이 있다면 토끼를 살릴 수 있을까요?

인간은 물론이고 토끼에게도 간은 하나뿐인 소중한 장기입니다. 이러한 간을 빼달라니까 용궁 관광에 들뜬 토끼로서는 황당할 수밖에 없었을 것입니다. 용왕 입장에서는 토끼의 간을 먹어야 살 수 있으니 어쩔 수 없이 토끼에게 간을 희생해 달라고 합니다. 하지만 용궁의 생명공학 기술이 뛰어나 복제 동물을 만들 수 있는 기술이 있었다면 이렇게 말했을지도 모릅니다. "토끼야, 너의 체세포를 떼어 다오. 그러면 그것으로 간을 만들어서 용왕님께 드릴 수 있으니 너의 목숨을 구할 수 있을 거야."

인기 댄스 듀오였던 클론의 강원래 씨는 교통사고로 척수가 마비되어 걸어 다닐 수 없게 되었습니다. 만약 배아 줄기세포로 신경세포를 만들어

## 🐟 용왕님 복제기술을 이용해 보시죠!

세계명작 속에 숨어있는 과학-Ⅱ

이식한다면 강원래 씨는 다시 걸어 다닐 수 있을 것입니다. 환자의 체세포로 줄기세포를 만들고, 이 세포를 환자에게 필요한 세포로 분화시켜 이식하게 되면 새 삶을 열어줄 수 있습니다. 물론 이 기술에 긍정적인 측면만 있는 것은 아닙니다. 종교단체와 인권단체에서 가장 우려하는 것은 배아줄기세포를 계속 배양할 경우 복제인간이 탄생할 수 있다는 것입니다. 배아줄기 세포 연구에 찬성하는 사람들도 복제인간 연구에는 반대하는 사람들이 많습니다. 어쩌면 복제인간 연구에 찬성하는 과학자들이 프랑켄슈타인 박사처럼 생각될 수도 있겠지만 그것은 잘못된 생각입니다. 복제인간에 대해서는 그레고리 E. 펜스의 『누가 인간복제를 두려워하는가』를 한번 읽어보세요. 복제 찬성 과학자들은 복제인간을 연구한다고 해서 인간의 존엄성이 침해받는 일은 없으며 오히려 고통받는 많은 사람들에게 행복을 줄 수 있다고 주장합니다.

줄기세포는 배아 줄기세포와 성체 줄기세포로 나눌 수 있습니다. 배아 줄기세포는 불임 치료에 사용되고 남은 배아에서 얻을 수 있고, 성체 줄기세포는 제대혈이나 골수와 같은 조직에서 얻을 수 있습니다. 배아 줄기세포의 경우 장차 자라서 생명체, 곧 인간이 될 수 있다는 의미에서 윤리적으로 반대가 많습니다. 인간을 실험대상으로 할 수는 없으니까요. 또한 부모의 동의를 얻어야 하는 등 연구를 위해 배아를 구하기 쉽지 않습니다. 성체 줄기세포의 경우 모든 조직으로 분화될 수 있는 배아 세포에 비해 분화능력이 떨어진다는 단점이 있습니다. 난관을 극복하고 줄기세포를 얻었다고 하더라도 이러한 줄기세포

는 환자의 것이 아니기 때문에 환자의 몸에 이식했을 때 거부반응이 생길 수 있습니다. 우리 몸은 자기 몸의 세포가 아니면 공격하도록 되어있습니다. 이를 항원 · 항체반응이라고 합니다. 비록 세포 이식으로서 치료를 위한 것이라 하더라도 몸의 세포들이 그것을 알 리가 없겠지요?

배아 줄기세포는 수정 후 14일 이내의 배아에서 떼어낸 세포로 신체의 어떤 조직이라도 될 수 있기 때문에 '만능세포'라고도 합니다. 인간의 모든 세포에는 같은 유전자들이 들어 있지만 일단 어떤 조직의 세포가 되

● 줄기세포의 배양 과정

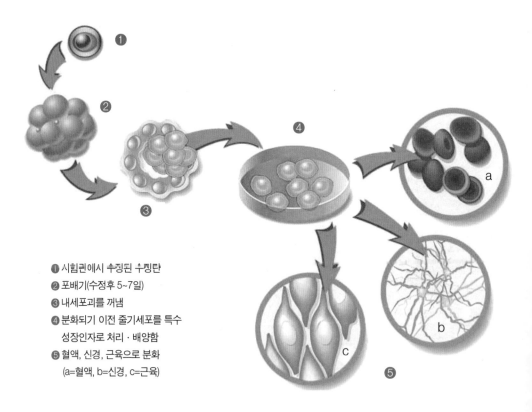

❶ 시험관에서 수정된 수정란
❷ 포배기(수정후 5~7일)
❸ 내세포괴를 꺼냄
❹ 분화되기 이전 줄기세포를 특수
  성장인자로 처리 · 배양함
❺ 혈액, 신경, 근육으로 분화
  (a=혈액, b=신경, c=근육)

어 버리고 나면 그 세포는 다른 조직의 세포가 될 수 있는 능력을 상실하게 됩니다(이를 분화되었다고 표현합니다). 줄기세포는 특정 조직으로 분화하지 않았기 때문에 자극에 따라 어떤 조직이라도 될 수 있습니다. 만약 환자가 심장이 좋지 않다면 줄기세포에 자극을 주어 심장이 되게 할 수 있다는 것입니다. 아직은 어떻게 해야 줄기세포가 원하는 조직으로 분화될 수 있는지 알 수 없지만, 과학자들은 연구가 진행되면 이것도 머지 않은 미래에 가능할 것으로 생각하고 있습니다.

줄기세포를 이용한 치료는 이제 시작이라 할 수 있습니다. 겨우 치료를 위한 줄기세포를 얻을 수 있는 기술만 확보했기 때문입니다. 아직까지 줄기세포를 원하는 조직으로 분화시킬 수 있는 기술이 없으며, 복제 성공률도 낮다는 등 해결해야 할 문제가 많습니다. 물론 이보다 더 시급한 문제는 줄기세포를 이용한 기술에 대한 국민들의 합의가 이루어져야 한다는 것입니다. 한쪽에서는 반대를 하고 있는데 연구가 쉽게 진행될 수는 없을 테니까요.

이제 다시 『별주부전』으로 돌아와서 문제를 살펴볼까요? 우선 줄기세포를 마음대로 이용할 수 있는 기술을 용궁의 과학자들이 가지고 있다면 용왕님의 병든 조직을 새로운 조직으로 대체할 수 있을 것입니다. 그렇게 되었다면 토끼를 잡으러 가는 수고를 할 필요도 없었을 것입니다. 굳이 토끼의 간을 먹어야 하는 상황이라면 토끼 간을 배양하는 방법을 사용할 수도 있을 것입니다.

잭은 콩나무를 타고
하늘까지 올라갈 수 있을까?

『제이콥스(Joseph Jacobs) 전래동화 모음집』은 영국 잉글랜드 지방에 전해져 내려오는 유명한 이야기를 모은 전래동화집입니다. 이 책에는 『잭과 콩나무』나 『아기돼지 삼형제』와 같은 이야기들이 실려 있습니다.

『잭과 콩나무』의 잭은 어머니와 단 둘이 살고 있습니다. 어느 날 어머니가 아프셔서 병을 고칠 약을 사기 위해 소를 팔러 장으로 갑니다. 시장 가는 길에 만난 노인은 잭에게 요술 콩이 잭과 어머니를 행복하게 해 줄 수 있으니 소와 요술 콩을 바꾸자는 제안을 합니다. 순진한(?) 잭은 그 말을 믿고 소와 콩을 바꾸어 집으로 돌아옵니다. 이 이야기를 들은 어머니는 화를 내며 콩을 창밖으로 던져 버립니다. 창밖에 버려진 콩은 밤새 싹이 터서 하늘까지 자랍니다. 하늘까지 닿아 있는 콩나무를 타고 하늘로 올라간 잭은 거인의 성에 들어가게 됩니다. 거기서 아버지가 거인에게 빼앗긴 황금 알을 낳는 닭과 금 하프를 찾아오는 데 성공하죠. 잭은 그를 쫓아서 내려오는 거인을 나무를 베어 넘어뜨려 물리치고 어머니와 행복하게 살았다고 합니다.

## 잭의 콩은 어떤 나무로 자랐을까?

『잭과 콩나무』를 읽다보면 '콩나물도 아니고 웬 콩나무?' 라는 의문이 생깁니다. 이 이야기의 영어 제목은 『Jack and the Beanstalk』로 동화 제목을 우리말로 옮긴다면 '잭과 콩나무'가 아니라 '잭과 콩줄기'라고 해야 옳습니다. 그렇다면 과연 콩은 나무일까요, 덩굴일까요?

콩과 식물은 장미목에 속하기 때문에 콩과 장미는 서로 사촌이라 할 수 있습니다. 동화 속에 자주 등장하는 완두콩과 강낭콩이 덩굴식물이기 때문에 콩은 당연히 덩굴이라고 생각할지 모르지만 콩도 나무가 있습니다. 어떤 식물이 풀이냐, 덩굴 또는 관목(조그만 나무), 교목(큰 나무)인지는 그 식물에 따른 특징일 뿐 절대적인 것이 아닙니다. 즉, 콩과 식물도 완두와 같이 한두 해 살이 풀에서부터 개물푸레 나무와 같은 교목까지 다양합니다. 개물푸레나무는 콩과 식물이지만 키가 15m로 큰 나무에 속합니다. 따라서 '콩나무(Bean Tree)'는 개물푸레나무나 구주콩나무와 같이 교목의 콩과 식물을 이야기합니다. 콩과 식물은 전 세계에 1만 3천 종이 있다고 하며, 우리나라에는 92종이 있다고 합니다. 이렇게 콩과 식물이 다양하기는 하지만 이 동화 속에 등장하는 콩나무에 비할 만큼 큰 나무는 없습니다. 물론 콩나무뿐 아니라 어떤 나무도 이렇게 크게 자라지는 못합니다. 따라서 잭의 콩나무는 확실히 요술 콩나무라 할 수 있을 것입니다.

만약에 콩나무가 하늘까지 솟았다고 생각해 보세요. 나무의 밑동은 둘레가 수백 미터에 달할 것입니다. 이렇게 거대한 나무를 어린 잭이 타고 올라간다는 것은 쉽게 상상할 수 없습니다. 하지만 이와 달리 덩굴일 경우에는 나선형으로 줄기가 뻗어 있기 때문에 잭이 그 줄기를 타고 하늘로 올라가기가 한결 쉬울 것입니다.

그렇다면 잭의 콩나무는 어떤 콩이 열릴까요? 아마 완두콩일 가능성이 많습니다. 강낭콩은 아메리카가 원산지로 신대륙 발견 이후 유럽에 전해졌기 때문에, 전해져 내려오는 이야기 속의 주인공이 되기에는 시대적 배경이 좀 맞지 않습니다. 이에 비해 완두는 기원전

■ 줄기로 구조물을 타고 오르는 콩나무.

부터 유럽에 널리 퍼져 재배되고 있었기 때문에 훨씬 서민들에게 친숙한 식물입니다. 따라서 완두가 이 이야기 속에 등장하는 콩일 가능성이 많습니다. 또한 덩굴 형태로 자라야 잭이 나무를 타고 올라가기도 쉽기 때문에 완두는 훨씬 설득력을 가집니다.


### 나무가 하늘까지 자라지 못하는 이유는?

콩나무가 아니라 콩덩굴이어야 할 이유는 또 있습니다. 가장 빨리 자

라는 나무로 알려져 있는 말레이시아 사바의 알비치아 팔커타나무 (Albizzia falcota)조차도 13개월 동안 약 10.7m밖에 자라지 못한다고 합니다. 이래서는 하룻밤 사이에 하늘까지는 고사하고 잭의 키도 넘어서지 못합니다. 기네스북에 따르면 호주에 있는 유칼립투스(Eucalyptus regnans)가 세계에서 가장 키가 큰 나무라고 합니다. 이 나무는 1872년 측정시에 132.6m, 100년이 지난 최근에 다시 측정해 보니 150m가 넘었다고 합니다. 100년 사이에 기껏 20m 정도밖에 자라지 못한 것입니다. 이런 식으로 자라면 잭이 콩나무를 타고 하늘로 올라가기 위해서는 수만 년 이상 기다려야 하는 불상사가 발생하게 됩니다. 잭은 나무가 다 자라기를 기다리다 늙어 죽을지도 모릅니다.

빨리 자라는 식물로는 대나무를 따라올 식물이 없습니다. 생장 속도가 매우 빨라 하루에 1m 이상 자라기도 합니다. 죽순대에서 하루에 119cm, 왕대에서는 하루에 121cm나 자랐다는 기록이 있을 정도로 대나무의 성장력은 알아줘야 합니다. 대나무는 생장 속도가 너무 빨라 속이 비어버릴 정도입니다. 위로 자라는 속도가 굵게 자라는 속도를 훨씬 앞질러 버려 미처 속이 다 채워지지 못한 것이죠. 그러나 대나무는 이름에는 '나무'라는 글자가 들어 있지만 사실은 풀에 속합니다. 이렇게 보면 분명 잭의 콩나무는 나무가 아니라 풀의 일종이 되어야 합니다. 즉, '잭과 콩덩굴'이라고 해야 한다는 것입니다.

그렇다면 현실에서는 왜 동화 속 요술 콩나무와 같이 하늘까지 자라는 나무가 없을까요? 딱 잘라 이야기하면 자연이 그것을 허락하지 않기 때문입니다. 하늘까지 도달하는 거대한 나무는 엄청난 바람을 견뎌내야 하는데, 나무는 이러한 바람을 견딜 수 없습니다. 거대한 태풍 정도를 말하는 것이 아닙니다. 지상에서부터 고도가 높아지면 바람은 점점 강하게 붑니다. 이것은 지상과 마찰이 없기 때문인데요, 나무가 커지면 나무 전체에 작용하는 바람의 힘이 엄청나게 커지게 됩니다. 이러한 엄청난 힘을 견디기 위해서는 나무의 둥치가 웬만한 언덕만큼 굵어야 할 것입니다.

나무가 튼튼하기는 하지만 무한정 튼튼하지는 못합니다. 따라서 하늘에 닿을 만큼 자라면 자체 무게에 눌려서 나무는 찌그러져 버리게 됩니다 (두부를 찌그러지지 않게 얼마나 쌓을 수 있을까요? 한번 상상해 보세요). 이러한 어려움을 딛고도 나무가 부러지지 않고 서 있다면, 이번에는 온도의 문제에 부딪히게 됩니다. 지상에서 올라갈수록 기온은 내려가기 때문에 나무의 상층부는 걸핏하면 얼어 죽을 위험에 처하게 됩니다.

일반적으로 나무가 높이 자라는 것은 그만큼의 이득이 있기 때문입니다. 키 큰 식물은 작은 식물보다 더 많은 햇빛을 받을 수 있어 항상 키 크기 경쟁을 펼치게 됩니다. 하지만 하늘에 닿을 만큼 자라서는 이득보다 손실이 더 많기 때문에 온갖 악조건을 견디고 자랄 이유가 없어 보입니다.


## 클라이밍 전문가 잭의 콩나무 등반기

잭의 콩나무는 하늘까지 연결되어 있었고, 그곳에는 거인이 사는 성이 있었습니다. 콩나무가 하늘까지 연결되고 지상에서는 볼 수 없던 거인이 사는 곳, 과연 그곳은 어디일까요?

거인이 사는 성이 어디인지 정확하게 알 수는 없지만 최소한 구름의 높이보다는 높아야 할 것입니다. 만약 구름 아래에 있다면 평소에도 사람들의 눈에 보일 것이기 때문입니다. 따라서 구름 높이보다 높은, 적어도 지상에서 10km 이상의 높이에 거인의 성이 있었을 것으로 추정할 수 있습니다. 이 정도 높이라면 에베레스트보다 높은 고도입니다. 에베레스트는 전문 산악인들도 쉽게 오를 수 없는 산인데, 이보다 높은 곳을 잭이 쉽게 올라 갈 수 있을까요?

잭은 하룻밤 사이 하늘까지 자란 콩나무를 타고 하늘로 올라갑니다. 하늘로 올라가던 잭이 아래를 내려다보니 마을이 조그맣게 보일 정도로 높이 올라가 있습니다. 한참을 올라가다 지쳤을 때 요정이 나타나 잭에게 용기를 북돋워 줍니다. 요정의 응원이 잭에게 큰 힘이 되었을까요? 초보 등반가인 잭은 하늘까지 올라갑니다. 다만 현실에서는 이렇게 높은 나무를 쉽게 올라갈 수는 없습니다. 오랜 기간 준비와 훈련을 거친 전문 등반가들조차 높은 고도는 쉽게 올라갈 수 없습니다.

고도가 높아지면 겪는 가장 큰 어려움은 기압이 낮아진다는 것입니다. 이러한 어려움은 초창기 기구를 타고 하늘로 올라간 모험가들에 의해 그 위험성이 알려졌습니다. 몽골피에 형제에 의해 기구가 만들어졌다는 소식을 들은 많은 과학자들이 앞 다투어 기구를 만들어 하늘로 올라갔습니다. 하지만 수천 미터를 순식간에 올라간 그들은 현기증과 어지러움을 느끼며 쓰러졌습니다. 사람들 중 일부는 목숨을 잃기도 했습니다. 이러한 일이 발생한 것은 기압이 낮아져 충분한 산소를 공급받을 수 없었기 때문입니다.

따라서 높은 산에 올라가기 위해서는 갑자기 올라가는 것이 아니라

적당한 고도에서 적응 훈련을 거친 후에 올라가야 합니다. 잭 역시 콩나무에 바로 올라가는 것이 아니라 올라가는 높이를 조금씩 높여가며 올라가야 합니다. 다만 고도의 문제점을 해결할 수 있는 길은 잭의 집이 원래 높은 고도에 있었다고 가정하는 것입니다. 사람이 거주할 있는 가장 높은 높이는 5,000m 부근인데, 잭의 집이 이 근처에 있었다고 가정해 봅시다. 하지만 『잭과 콩나무』가 최초로 출간된 영국에는 이렇게 높은 고도에 마을이 없기 때문에 조금 무리한 가정이기는 합니다.

두 번째, 잭이 겪어야 하는 어려움은 기온입니다. 흔히 태양에 가까이 가면 기온이 올라갈 것 같지만 사실은 그 반대입니다. 이는 지상의 기온이

● 지구 대기의 기온변화

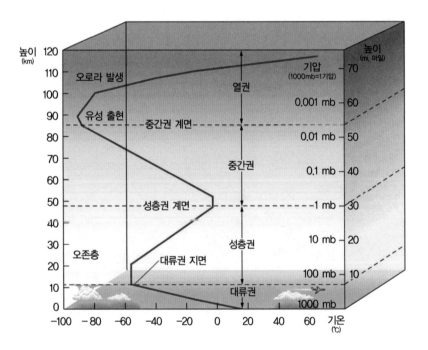

햇빛에 의해 바로 가열되어 올라가는 것보다 지표면이 가열된 후 방출하는 적외선에 의해 더 많이 올라가기 때문입니다. 따라서 지표면에서 멀어질수록 온도는 내려가게 됩니다. 킬리만자로 산의 경우 산 아래에서는 열대의 동물들이 살고 있지만 산 정상에는 눈이 쌓여 있는 것도 바로 이 때문입니다. 따라서 잭은 추위에 대비하기 위해 두꺼운 털옷을 준비해서 올라갔어야 합니다.

마지막 어려움은 강렬한 자외선입니다. 등반가들의 얼굴을 본 사람들은 그들의 얼굴이 구릿빛의 그을린 피부를 가졌다는 것을 알 것입니다. 산 정상에는 지상보다 많은 자외선이 있고 또한 눈(雪)에서 반사된 자외선 때문에 피부가 쉽게 손상되고 검게 그을립니다. 따라서 잭은 최대한 빨리 거인이 사는 성에 다녀와야 하지만 이렇게 되면 급격한 기압변화로 고산병에 걸릴 수 있기 때문에 잭은 이러지도 저러지도 못하는 상황에 처하게됩니다. 물론 올라가는 것도 안전 장구를 모두 갖추었을 때 가능하며 맨손으로 콩줄기를 잡고 올라간다는 것은 위험천만한 일입니다.

혹시 잭은 스포츠 클라이밍 전문가일까요?

## 황금 알과 연금술

하늘나라로 올라간 잭은 거인의 성에 들어갑니다. 거인의 성에서 황금 알을 낳는 닭과 금으로 된 하프를 가지고 지상으로 내려오지요. 집으로 돌아온 잭은 황금 알을 낳는 닭이 아버지가 거인에게 빼앗긴 것이라는 말을 듣습니다. 황금 알을 낳는 닭을 다시 찾은 잭은 어머니와 함께 행복하게 살게 됩니다. 그런데 황금 알을 낳는 닭은 정말 있을까요?

　"우리 몸은 우리가 먹은 것이다."라는 말이 있습니다. 이 말은 몸을 구성하는 물질은 우리가 먹은 음식을 재료로 하여 만들어진다는 것입니다. 이는 인간뿐만 아니라 자연에 존재하는 모든 생물이 마찬가지입니다. 따라서 황금 알을 낳는 닭도 마찬가지일 것입니다.

　닭이 황금 알을 낳기 위해서 닭은 황금 알을 구성하는 물질을 먹어야 합니다. 즉, 황금 알을 낳기 위해서는 금 조각을 부지런히 주워 먹어야 하는 것입니다. 금을 먹지 않다면 닭은 결코 황금 알을 낳을 수 없습니다. 토양 속에 금이 포함되어 있지만 너무 적은 양으로 지각에 0.0011ppm의 농

### 황금 알을 낳는 닭과 잭의 줄행랑

도밖에 포함되어 있지 않습니다. 그렇기 때문에 황금 알을 낳는 닭은 11톤 덤프트럭 1,000대 분의 흙을 먹어야 겨우 금 한 돈을 얻을 수 있습니다. 따라서 황금 알을 낳기 위해서는 수만 대분의 흙을 매일 먹어야 하는데, 그만큼 흙을 먹고도 과연 무사할 수 있을까요? 물론 이것도 닭의 금 채취율이 100%에 이른다고 가정했을 때 이야기이며, 채취율이 낮아질 경우에는 훨씬 더 많은 흙을 먹어야 합니다. 미생물 중에는 금을 먹거나 금 성분만 골라내는 생물이 있어 이를 이용해 금을 채취하는 방법을 연구하는 사람도 있다고 합니다. 과학자들은 지각에 1,000억 톤 이상의 금이 있을 것으로 추정하고 있으며, 지금껏 인류가 채취한 금은 겨우 5~6만 톤 정도밖에 안 되는 아주 적은 양입니다. 따라서 황금 알을 낳는 닭이 흙 속의 금을 분리해 내는 기술(?)만 가지고 있다면 황금 알을 낳지 말라는 법은 없을 것 같습니다.

거인과 잭 둘의 마음을 사로잡았던 금은 예로부터 많은 사람들의 관심의 대상이었습니다. 금이 가지는 찬란한 빛깔이 많은 사람들의 마음을 사로잡았던 것이

너 황금 알 낳는다며?

내가 언제~

지요. 금은 다른 원소들과 거의 결합을 하지 않기 때문에 순수한 형태의 덩어리로 산출되는 경우가 많았습니다. 채취가 쉬운 탓에 활용도도 높았습니다. 수요가 많아지자 많은 사람들은 금을 만들기를 원했고 이 때문에 연금술이 등장했습니다. 연금술은 수은이나 납과 같이 쓸모없는 금속을 금과 같은 귀금속으로 바꾸는 방법을 말합니다. 이러한 연금술은 한 물질이 다른 물질로 바뀔 수 있다는 것을 믿었기 때문에 생겨난 것입니다. 아리스토텔레스는 물, 공기, 불, 흙의 네 가지 원소에 의해 물질의 특성이 정해지며, 이들 원소의 구성 비율이 달라지면 다른 물질로 변할 수 있다고 주장했습니다. 아리스토텔레스를 절대적으로 신봉했던 중세에는 이러한 생각을 바탕으로, 한 금속이 다른 금속으로 바뀔 수 있다고 믿었습니다. 전하는 바에 의하면 프랑스의 연금술사 니콜라스 플라멜은 1382년 수은을 금으로 변화시키는 데 성공했다고 합니다. 이외에도 많은 연금술사들이 금을 만드는 데 성공했다고 주장했지만 대부분 사기였거나 작업실에 있던 금이 섞여 들어간 경우가 많았습니다.

## 납에서 양성자 세 개만 빼면 금이 된다

연금술은 일종의 사이비 과학이기 때문에 어떤 방법을 동원하더라도 금을 만들 수 없었습니다. 라부아지에나 돌턴과 같은 화학자가 등장해 근대 화학의 기초가 마련되면서 이러한 연금술은 서서히 사라져 오늘날에 연금술을 믿는 사람은 거의 찾아 볼 수 없게 되었습니다.

반대로 현대 과학은 '현대의 연금술'이라고 불리는 놀라운 기술을 개발했습니다. 바로 핵융합이라는 것입니다. 사실 주변에 볼 수 있는 모든 원소들은 별 속에서 핵융합 반응에 의해 만들어진 것들입니다. 별이 할 수 있다면 인간에게도 금지된 것은 아니기 때문에 인간도 별과 같이 금을 만들 수 있을 것입니다. 하지만 별의 내부와 같은 조건을 형성한다는 것이 매우 어렵기 때문에 이 일을 하기 위해서는 많은 기술과 에너지가 필요합니다. 고온으로 원자를 가열하고 고속으로 양성자나 중성자를 충돌시켜 금을 만들어야 하는데, 이런 식으로 만들어진 금은 땅에서 캐내는 금보다 훨씬 많은 비용이 들어갑니다.

자연에 존재하는 모든 원자는 원자핵과 전자로 구성되어 있습니다. 원자핵은 양성자와 중성자로 되어 있는데 그 수에 따라 원소의 성질이 결정됩니다. 따라서 원자 내부에 존재하는 양성자와 중성자 수를 마음대로 조절할 수 있다면 어떤 원소든 만들 수 있습니다. 예를 들어 납에서 양성자 세 개를 제거하면 금으로 바뀌게 됩니다.

닭이 모래를 쪼아 먹고도 황금 알을 낳을 수 있다면 뱃속에 원자를 다른 원자로 바꾸는 신비한 무엇이 있었을 것입니다. 그것은 아마도 연금술사들이 비금속을 금으로 바꿀 수 있다고 믿었던 전설상의 물질인 '현자의 돌(philosopher's stone)'일 것입니다.

동화 속에서는 잭과 어머니가 황금 알을 가지고 행복한 삶을 살아야 하는데, 만약 황금 알을 낳을 수 없다면 곤란했겠네요. 하지만 하늘까지 자란 콩나무를 관광 상품으로 개발하거나 콩나무를 잘라서 엄청난 양의 장작을 얻는다면 역시나 행복하게 잘 살았을 겁니다.

SF 해양 대서사시
– '노틸러스호의 정체를 밝혀라'

2005년은 쥘 베른(Jules Verne) 서거 100주년이 되는 해입니다. 쥘 베른은 당시로서는 여행하기 힘들었던 땅속이나 바다 속 모험, 세계 여행과 같이 스케일이 큰 소설을 많이 발표했습니다. 『15소년 표류기』『80일간의 세계 여행』『지구 속 여행』『해저 2만 리』와 같은 작품은 많은 영화에 모티프를 제공하기도 했습니다.

쥘 베른의 소설은 단지 스케일이 큰 기상천외한 사건과 모험을 다루어 사랑을 받는 것은 아닙니다. 그의 소설은 이러한 상상력뿐 아니라 과학적 사실에 토대를 두어 다른 소설과는 차별점이 많습니다. 일례로『달세계 여행』은 거대한 대포를 이용해 달 여행을 한다는 우스꽝스러운 내용을 담고 있지만 로켓이 충분하게 가속을 하면 지구를 벗어나는 것이 가능하다는 것이나 사람이 타기 전에 동물을 먼저 태워 실험하는 묘사 등으로 현대의 과학기술을 예견한 듯합니다. 또한 재미있게도 대포 발사장의 위치가 NASA의 우주발사 기지인 케이프 캐너배럴(Cape Canaveral)과 가까운 곳으로 묘사되고 있습니다. 그의 이 소설은 달로 여행이 불가능하다는 당시의 통념을 깨뜨리고 많은 아류작을 낳았습니다.

『해저 2만 리』에 등장하는 잠수함 노틸러스호는 1954년 미국에 의해 원자력 잠수함으로 탄생해 세계의 바다를 누비게 됩니다. 이와 같이 쥘 베른의 소설은 튼튼한 과학적 기반을 바탕으로 미래를 예견하였고, 그는 SF의 아버지라는 수식어를 얻었습니다.

## 원자력 잠수함의 원조 노틸러스호

잠수함이라는 단어를 듣게 되었을 때 가장 먼저 떠오르는 것은 무엇인가요? 아마 네모 선장과 노틸러스(Nautilus)호일 것입니다. 우리나라 최초의 잠수함인 장보고함보다 이러한 이름이 먼저 떠오르는 것은 그만큼 쥘 베른의 소설이 많은 독자들로부터 사랑을 받았기 때문입니다. 노틸러스는 앵무조개를 뜻하기도 하지만, 그리스어로 선원이나 배를 뜻하기도 합니다. 이 때문에 미국 해군은 최초의 원자력 잠수함을 포함해 6척의 배와 잠수함에 이 이름을 사용하였습니다. 노틸러스라는 이름을 가장 먼저 배에 붙인 것은 증기선으로 성공한 풀턴입니다. 풀턴은 증기선으로도 유

■영화 〈해저 2만 리〉에서 제작한 노틸러스호. 소설 속 내용을 바탕으로 창문도 만들어 넣었습니다.

명하지만 노틸러스호라는 잠수함을 만들기도 했습니다. 풀턴의 노틸러스호는 돛대와 어뢰가 장치되어 있었습니다.

바다라는 미지의 세계로 안내해 주는 잠수함은 여행이나 해저, 탐사의 목적으로 사용되기도 하지만 대부분은 군사용으로 사용됩니다. 이는 잠수함이 건조(建造)가 힘들고 고가이지만 1·2차 세계 대전을 통해 군사적 효능이 입증되었기 때문입니다.

소설 속에 등장하는 노틸러스호는 선체의 길이가 70m에 폭은 8m이고, 무게는 1,356.48톤의 늘씬하게 잘 빠진 잠수함입니다. 선체는 두 겹의 강철판으로 만들어졌고, 바깥 철판의 경우 5cm보다 두껍다고 하며, 선체의 가장 윗부분에 돌출된 방에 있는 창문은 21cm의 두께를 가진 렌즈 모양의 유리로 되어 밖을 볼 수 있습니다. 또한 바다 속 1km를 비출 수 있는 강력한 반사경으로 심해에서도 밖의 경치를 볼 수 있다고 합니다. 노틸러스호는 지금의 기술로써도 도저히 흉내낼 수 없는 놀라운 잠수함입니다. 왜 그런지 몇 가지만 살펴보도록 하겠습니다.

노틸러스호에는 잠수함 밖을 보기 위해 돌출된 방에 렌즈 모양의 유리로 된 창문이 부착되어 있지만, 실제로 이러한 잠수함을 만드는 경우는 없습니다. 이는 유리 창문을 설치하게 되면 압력이 창문 주변에 몰리기 때문에 잠수함에 구조적 결함이 발생하기 때문입니다. 따라서 창문은 연안에서 관광용으로 이용하는 소형 잠수정에나 부착되어 있으며, 군사용의 대형 잠수함에는 없습니다. 또한 창문을 이용해서 바다를 볼 수 있는 것은 기껏해야 십수 미터 내외이기 때문에 굳이 창문을 낼 필요가 없기도 합니다. 노틸러스호와 같이 강력한 반사경을 설치한다고 해도 그것은 마찬가지입니다. 직진성이 뛰어나다는 레이저로 비춘다고 해도 바다 속은 40m 이상 비추기 어렵습니다.

초창기 잠수함과 지금의 잠수함은 다른 동력을 사용합니다. 풀턴의 노틸러스호는 인력, 네모 선장의 노틸러스호는 전기, USS 노틸러스호는 원자력으로 움직입니다. 흔히 알고 있는 디젤 잠수함도 사실은 네모 선장의 노틸러스호와 같이 전기로 움직이는 잠수함입니다. 디젤 잠수함은 디젤 기관으로 해상에서 추진력을 얻고, 동시에 축전지에 전기를 충전합니다. 이렇게 하여 잠수할 때는 축전지에 저장된 전기(정확하게는 화학에너지)를 이용하여 항해를 하게 되는 것입니다. 따라서 재래식 잠수함의 경

### 꿈의 잠수함 노틸러스 호의 한계

우에는 축전지의 용량에 따라 잠수능력이 결정되기 때문에 잠수함 중량의 25%를 축전지가 차지했다고 합니다. 이와 같이 재래식 잠수함은 축전지에 전기에너지를 충전하기 위해 하루에 몇 시간씩 물 밖으로 공기 흡입관을 노출시켜 발전기를 작동시키는 스노켈 항해를 해야 했습니다. 이어서 스노켈 항해를 할 때는 적에게 발각될 위험이 많기 때문에 잠수함 내에 산소와 연료를 저장하여 수중에서 축전지 충전 및 추진에 필요한 전원 공급이 가능한 잠수함도 만들어졌습니다. 산소 공급이 필요한 이유는 승무원 때문이기도 하지만 그보다는 디젤이 연소할 때 많은 양의 산소를 필요로 하기 때문입니다. 이러한 문제를 해결해 장기간 항해를 가능하게 해 준 것이 바로 원자력입니다. 원자력의 경우 원료를 연소시키는 것이 아니라 핵분열시에 나오는 열을 이용하기 때문에 산소 공급이 필요 없습니다. 따라서 핵잠수함은 오랜 시간 잠수가 가능합니다.

하지만 원자력 잠수함의 잠항시간이 디젤 잠수함에 비해 획기적으로 길다고 하여 모든 잠수함을 원자력 잠수함으로 만들지는 않습니다. 원자력 잠수함의 경우 디젤 잠수함에 비해 상대적으로 소음이 많이 발생하고, 크기도 커서 연안 방어에는 적합치 않기 때문입니다. 물론 원자력 잠수함의 건조비가 엄청나게 많이 든다는 것이 가장 큰 문제일 것입니다. 잠수함의 추진 방식 변화는 잠수함 모양에도 변화를 가져왔습니다. 디젤 잠수함의 경우에는 주로 활동하는 곳이 수면 위입니다. 따라서 수면 위에서 저항을 적게 받아 조파저항을 감소시킬 수 있는 뾰족한 모양의 선체를 가지게 됩니다. 이와는 달리 대부분을 물 속에서 기동하는 원자력 잠수함의 경우에는 물과의 마찰저항을 줄이기 위해 물방울(Tear Drop)형으로 제작됩니다.

## 해저 지형 심층 탐구

쥘 베른의 소설이 많은 인기를 끈 것은 그의 탁월한 상상력 때문이기도 하겠지만 그만큼 바다라는 세계가 아직도 미지의 영역으로 남아 있어 많은 이들의 호기심을 자극하기 때문이기도 합니다. 38만km 떨어진 달보다 10km 아래 바다 속에 대한 정보가 더 적다는 말에서 알 수 있듯이 어떤 측면에서는 바다 속은 우주보다 인류에게 더 미지의 세계라고 할 수 있습니다.

『해저 2만 리』에서 네모 선장의 노틸러스호는 서경 37도 53분, 남위 45도 37분인 곳에서 14,000m까지 잠수합니다. 이곳에서 검은 봉우리 몇 개가 솟아 있는 것을 관찰하고, 그 봉우리가 히말라야보다 높거나 그만큼 될지도 모른다고 생각했습니다.

실제 노틸러스호가 잠수한 서경 37도 53분, 남위 45도 37분인 곳은 사우스조지아 제도 부근으로 수심 6,000m 이상 되는 바다는 없습니다. 비록 바다 속의 깊이가 틀리기는 했지만 당시에는 바다 속의 깊이를 정확하게 측정할 수 있는 도구(측연이라고 하여 수지를 바른 납을 줄에 묶어 바다의 깊이를 측정했지만 연안에서나 유용했고 심해의 경우에는 오차가 많이 생겼습니다)나 잠수정도 없었던 것을 감안하면 이 정도 실수는 눈감아 줄 수도 있습니다.

지금까지 알려진 가장 깊은 바다는 필리핀 근처의 마리아나 해구로 깊이가 무려 10,914m로 세계 최고봉 에베레스트 산보다 2,000m 이상 더 높습니다. 해구는 비교적 좁고 기다란 심해저의 움푹 꺼진 지형을 말하는

데 주위의 해저보다 약 2km 정도 더 깊고, 수천 km까지 뻗어 있습니다. 현재 전 세계 바다에 25~27개의 해구가 있는 것으로 알려져 있습니다. 해구는 바다 한 중간보다는 대륙 연변부에 많이 있는데, 이는 해양판이 대륙판 아래로 끌려들어가면서 생긴 지형이기 때문입니다. 마리아나 해구를 가본 이는 1960년 잠수정 트리스테(Trieste)를 타고 용감하게 모험을 떠난 피카르드(Jacques Piccard)와 미해군 중위 왈쉬(Don Walsh) 그리고 일본의 무인 잠수정인 가이코(Kaiko)가 있을 뿐입니다.

## 바다 속으로 사라진 그녀

이렇게 해저 탐사가 어려운 것은 수압 때문입니다. 물 속으로 10m 들어갈 때마다 1기압씩 높아지기 때문에 마리아나 해구의 경우 압력이 무려 1,100기압이나 됩니다. 이 정도라면 손바닥 위에 1.5톤 트럭을 무려 100대나 올려 놓은 압력입니다. 오늘날에는 음향측심기를 사용하여 정확하게 바다의 깊이를 알 수 있습니다.

대륙 주변에는 대륙붕(continental shelf)이라고 하여 완만한 해저 지형이 펼쳐져 있습니다. 대륙붕은 깊이 약 200m까지의 해저 지형을 말하며, 태양 빛이 비치기 때문에 많은 동식물의 서식처가 됩니다. 대륙붕은 해저임에도 불구하고 석탄·석유·천연가스의 천연자원이 매장되어 있어 각국에서 개발이 한창 진행되고 있습니다. 대륙붕에서 200~300m 깊이로 내려가면서 경사가 급해지는 지역을 대륙사면(continental slope)이라고 합니다. 대륙사면에는 깊은 골짜기가 있기도 한데, 이를 해저협곡(submarine

● **대륙붕의 지형도**

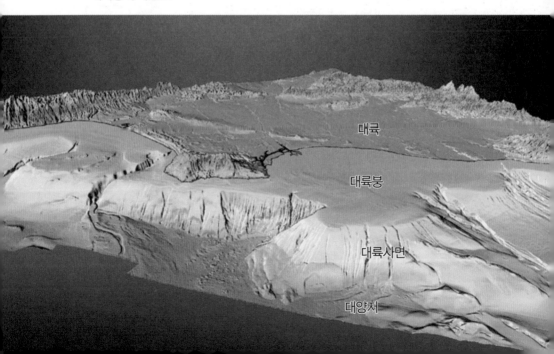

valley) 또는 해저곡이라고 합니다. 대륙사면 다음에 이어지는 해저 지형이 바로 심연의 평지인 대양저(ocean floor)입니다. 대양저에는 심해저 평원이 펼쳐져 있으며, 해산은 물론 해저산맥이나 화산섬 등 다양한 해저지형이 분포하며, 기요(평정해산)라고 불리는 독특한 지형도 있습니다.

## 인류의 미래를 내다본 네모 선장

네모 선장은 항해에 필요한 연료와 각종 광물을 바다에서 얻었습니다. 쥘 베른의 이러한 묘사는 매우 선견지명이 있는 것으로 오늘날 바다에서는 그 어느 때보다 치열한 자원 전쟁이 벌어지고 있기 때문입니다. 해안 근처에서는 모래나 자갈과 같은 골재, 사금이나 주석과 같은 광물자원을 얻을 수 있습니다. 또한 수심 200m 이내의 대륙붕에서는 석유나 천연가스와 같은 자원들이 매장되어 있습니다. 더 깊은 심해저에는 '검은 황금'이라 불리는 망간단괴(영국 해양조사선 챌린저호의 대양탐사에 의해 처음 발견되었는데, 1,000년에 겨우 0.01~1mm 정도 크기가 증가한다고 합니다), 망간각(코발트, 니켈, 구리, 아연과 금, 은 등 첨단산업에 필요한 금속이 다량 함유되어 있는 광물), 열수광상(마그마 활동이 활발한 지역에서 마그마가 분출되어 형성된 광맥) 등이 널려 있습니다.

1994년 우리나라가 유엔에 의해 세계 일곱 번째로 15만km²의 심해저 광구를 확보한 선행투자국이 되었습니다. 이러한 성과는 한국해양연구소 탐사선인 1,442톤급의 온누리호 등을 타고 태평양 해저의 100만km² 지역을

■ 『해저 2만 리』 속 노틸러스호 위의 네모 선장.

샅샅이 누비는 등의 노력이 있었기 때문에 가능한 것이었습니다. 해양부는 태평양의 우리나라 광구(75,000km²)에서만 망간단괴 등 연간 1조 원어치의 광물자원을 채취, 상용화 할 수 있을 것으로 추정하고 있습니다.

네모 선장은 바닷물이 96.5%의 물과 2.66%의 염화나트륨과 약간의 염화마그네슘, 염화칼륨, 브롬화마그네슘, 황상마그네슘, 황산칼슘, 탄산칼슘이 들어 있다고 아로낙스 박사에게 설명합니다. 그리고 바닷물 속에 들어 있는 나트륨을 추출하여 나트륨 전지를 만들어 노틸러스호의 동력원으로 사용한다고 합니다. 바닷물 속에 들어 있는 이러한 물질들은 염류라고 부릅니다. 바닷물에 포함된 염류의 양을 염분이라고 하며 보통 1kg의 해수 속에 35g 정도 녹아 있습니다. 염분은 바다에 따라 조금씩 차이가 나지만 어느 바다나 염분을 구성하는 염류의 비는 일정합니다. 이를 '염분비 일정의 법칙'이라고 합니다. 이 법칙은 영국의 해양 조사선 챌린저호가 전 세계 77군데 바닷물을 조사한 결과 알려졌습니다. 염류는 염소, 나트륨, 황산염, 마그네슘, 칼슘, 칼륨, 탄화수소염, 브롬이 99.9% 이상을 차지합니다. 염화이온이나 황산염이온은 해저에 있는 화산이 분출할 때 나오는 화산가스에 의해 공급되며, 나트륨이온이나 마그네슘·칼슘·칼륨이온 등은 암석의 풍화에 의해 물에 녹은 채

바다로 흘러들어오게 됩니다. 이와 같이 바닷물 속에는 지각으로부터 공급된 70여 종의 원소가 녹아 있습니다.

네모 선장이 나트륨을 이용한다는 설명을 하자, 아로낙스 박사는 나트륨을 추출하기 위해 전기를 사용하면 나트륨을 추출하기 위해 사용된 전기량이 나트륨에서 얻을 수 있는 전기량보다 많다는 것을 지적합니다. 이에 네모 선장은 나트륨을 추출할 때 전기를 사용하지 않고 석탄을 태워 나오는 열을 이용하겠다고 합니다. 실제 나트륨은 1807년 영국의 화학자 데이비에 의해 수산화나트륨을 전기 분해하여 얻어졌습니다. 이러한 사실을 알고 있었던 아로낙스 박사가 나트륨을 전기분해에 의해 얻는다고 설명한 것입니다. 오늘날에도 나트륨은 염화나트륨과 염화칼슘을 전기분해해서 얻습니다. 즉, 바닷물에 열을 가하면 나트륨이 얻어지는 것이 아니라 물이 증발하고 남은 염류인 소금이 얻어집니다.

네모 선장과 같은 방법으로 나트륨을 추출할 수는 없지만 각국의 연구소에서는 해수 속에 들어 있는 금속 자원을 얻기 위해 많은 노력을 하고 있습니다. 실제로 독일의 유명한 화학자 하버는 1차 세계 대전 이후 독일의 전쟁 부담금을 갚기 위해 바닷물에서 금을 채취했었다고 합니다. 그는 남태평양의 바닷물을 조사해 바닷물 1ℓ 속에 금이 0.00000004g 들어 있다고 추정했습니다. 하지만 실제로 바닷물에는 그가 추정한 것의 1/1,000 정도인 평균 13ppt(ppt=1/1조)의 금밖에 없기 때문에 금을 채취해 전쟁부담금을 갚겠다는 하버의 계획은 실패로 돌아갔습니다. 하버가 바닷물 속에 금이 소량밖에 없는데도 바닷물에서 금을 채취하려고 했던 것은 바닷물 자체가 워낙 많기 때문입니다. 과학자들은 바닷물 속에 총 100억 톤 이상의 금이 녹아 있다고 추측합니다. 또한 매년 육지에서 바다로 엄청난 양의 금이 녹아 들어가고 있습니다. 따라서 지금도 바닷물 속의 금을 얻기 위한 연구를 하고 있지만 아직까지는 얻을 수 있는 금의 양보다 투자비용이 많이 들기 때문에 실용화 되지는 못했습니다. 30만 톤의 해수를 처리해야 겨우 1돈의 금(시세로 6~7만 원 정도)을 얻을 수 있으니 도저히 타산이 맞지 않습니다. 하지만 하버의 이러한 아이디어는 바닷물에서 자원을 얻을 수 있다는 가능성을 열어줬다는 데 높은 점수를 줘야 할 것 같습니다.

세계 각국은 바다를 개발하기 위해 아낌없이 연구비를 지출하고 있는 실정입니다. 해양 목장과 같은 해양 생물자원, 해수담수화와 같은 해수자원, 해저석유나 망간단괴와 같은 해저자원, 조력발전과 같은 해양 에너지 자원 등 바다는 개발하기에 따라 무한정의 부를 안겨다줄 보물 창고입니다. 최근에는 바닷물 속에 녹아있는 우라늄을 채취하기 위한 연구가 활발히 진행되고 있다고 합니다. 이를 내다본 쥘 베른의 선견지명에 다시 한번 놀라움을 금치 못하게 됩니다. 쥘 베른의 소설은 탄탄한 과학적 기반 위에 있기에 시공간을 초월해 끊임없는 사랑을 받고 있는 것입니다.


## 해군 전력의 상징, 잠수함 이야기


소설 속에서 노틸러스호는 14,000m까지(이렇게 깊은 바다는 없습니다) 거뜬히 잠수한다고 하지만 아직까지 14,000m까지 잠수할 수 있는 잠수함은 없습니다. 잠수함이 100m 수심에 있을 때 1m² 당 100톤이라는 엄

■ 핵 잠수함 노틸러스호
1954년 미국 잠수함 노틸러스호가 진수되면서 핵추진 잠수함 시대가 시작되었습니다. 원자로는 산소가 필요 없기 때문에 수면과 수중 모두에 동력을 공급할 수 있게 되어 있습니다. 더욱이 소량의 핵연료(농축 우라늄)는 장기간 동력을 제공할 수 있어 장기간의 고속잠수가 가능해졌습니다.

청난 압력을 받기 때문에 깊이 잠수하는 잠수함을 설계하는 것은 쉽지 않습니다. 이를 위해 노틸러스호는 두꺼운 강철판으로 제작했다고 하지만 실제 잠수함의 선체는 니켈, 크롬, 몰리브덴의 합금으로 된 특수강으로 제작됩니다. 보통의 잠수함은 300m 부근까지 잠수하는 것이 일반적이며 티타늄으로 선체를 강화한 러시아의 시에라급 잠수함의 경우에도 잠항심도(잠수함이 안전하게 잠수할 수 있는 깊이)가 750m 정도밖에 되지 않습니다. 잠항심도는 잠수함의 성능을 결정하는 중요한 정보이기 때문에 외부로 정확하게 알리지 않는 경우가 많습니다. 영화 속에서 적의 공격을 피하기 위해 잠항심도 이상으로 잠수하는 초인적인(?) 잠수함들이 등장하는데 적의 공격에 의해 파괴되는 것을 피하기 위해 침몰의 위험을 감수하기 때문에 가능한 것입니다. 이와 같이 실전에서는 얼마나 깊이 잠수할 수 있는지가 중요하게 작용할 때가 많습니다.

우리나라는 1992년 10월 14일 독일 킬(Kiel)에 있는 HDW조선소에서 1,200톤급 장보고함을 인수함으로써 세계에서 43번째 잠수함 보유 해군이 되었습니다. 장보고함은 길이 56m, 너비 6.25m, 높이 5.5m로 북한의 잠수함보다 여러 면에서 성능이 우수하다고 합니다. 잠수함은 단순히 군사적 목적에서만 중요한 것이 아닙니다. 미래에 벌어질 해저 자원 전쟁에 앞서 가기 위해서 '심해탐사선'은 필수 장비입니다. 1986년에 한국 최초의 유인 탐사선인 '해양 250'을 필두로 1993년에는 한국기계연구원에서 300m급 무인탐사로봇 'CROV 300', 1996년에는 대우 중공업에서 러시아와 손잡고 6,000m 깊이까지의 탐사가 가능한 '옥포 6000'을 개발했습니다. 옥포 6000이 로봇팔이 없어 탐사에 제한적이었던 반면, 2006년 진수를 앞둔

■ 국내 기술로 해양연구원에서 제작 중인 해미래. ⓒ해양수산부

6,000m급 무인잠수정 '해미래'는 대부분 국내 기술을 사용하여 제작하여 탐사의 제한을 없앴습니다. 해미래는 시험을 거친 후 태평양 해역에 확보해둔 클라리온–클리퍼톤(Clarion-Clipperton)광구에서 자원탐사를 하게 될 것입니다.

해미래가 진수되면 우리나라는 미국, 프랑스, 일본에 이어 세계 4번째로 심해 잠수정 개발에 성공한 국가가 됩니다. 이러한 심해 잠수정을 통해 전 세계 바다의 97%가 탐사 가능합니다. 해양 개발을 위해 꼭 필요한 심해 잠수정의 미래 시장 규모는 1조 원이나 된다고 하니 이러한 심해 잠수정을 통해 우리도 네모 선장의 꿈을 나눌 수 있을 것입니다.

● 참고자료


\* 본문에 사용한 단어들은 네이버 백과사전과 『두산 세계대백과』를 참조해 용어정의를 하였
  습니다.

참고한 도서

조나단 스위프트, 『걸리버여행기』, 장지연 옮김, 대교출판, 2002.

야마모토 요시타카, 『과학의 탄생』, 이영기 옮김, 동아시아, 2005.

존 그리빈, 『과학—사람이 알아야 할 모든 것』, 강윤재·김옥진 옮김, 들녘, 2004.

드니 게디, 『수의 세계』, 김택 옮김, 시공사, 1998.

닉 레인, 『산소—세상을 만든 분자』, 양은주 옮김, 파스칼북스, 2004.

로버트 L. 월크, 『아인슈타인도 몰랐던 과학 이야기』, 이창희 옮김, 해냄출판사, 1998.

로버트 L. 월크, 『아인슈타인이 이발사에게 들려준 이야기』, 이창희 옮김, 해냄출판사, 2001.

조나단 에이센, 『탄압받는 과학자들과 그들의 발견』(2), 서율택 옮김, 양문, 2001.

허창욱, 『반중력의 과학』, 모색, 1999.

크리스토퍼 야르고즈키·프랭클린 포터, 『물리가 날 미치게 해!』, 김영태 옮김, 한승, 2002.

Keith Lockett, 『물리적 사고 길들이기』, 남철주 옮김, 에드텍, 1997.

Purves, 『생녕 생물의 과학』(6E), 이광웅 옮김, 교보문고, 2003.

닐 캠벨, 『생명과학—이론과 현상의 이해』(3판), 김명원 옮김, 라이프사이언스, 2001.

Oakley Ray, 『약물과 사회 그리고 인간행동』, 주왕기 옮김, 라이프사이언스, 2003.

이인식, 『21세기 키워드』, 김영사, 2002.

그레고리 E. 펜스, 『누가 인간 복제를 두려워하는가』, 이용혜 옮김, 양문, 2001.

자크 브로스, 『식물의 역사와 신화』, 양영란 옮김, 갈라파고스, 2005.

제임스 서펠, 『동물, 인간의 동반자—동물과 인간, 그 교감의 역사』, 윤영애 옮김, 들녘, 2003.

마크 롤랜즈, 『동물의 역습—학대받은 동물들의 반격이 시작되었다』, 윤영삼 옮김, 달팽이, 2004.

가와기타 미노루, 『설탕의 세계사』, 장미화 옮김, 좋은책만들기, 2003.

윌리엄 더프티, 『슈거 블루스』, 이지연 · 최광민 옮김, 북라인, 2002.

엄우흠 · 고주희 · 박은주, 『설탕』, 김영사, 2005.

존 험프리스, 『위험한 식탁, 이대로 먹을 것인가?』, 홍한별 옮김, 르네상스, 2004.

오성훈 · 최희숙, 『감미료 핸드북』, 효일, 2002.

존 엠슬리, 『화학의 변명1—향수 감미료 알코올』, 허훈 옮김, 사이언스북스, 2000.

안병수, 『과자, 내 아이를 해치는 달콤한 유혹』, 국일미디어, 2005.

한스 울리히 · 예르크 치틀라우, 『비타민 쇼크』, 도현정 옮김, 21세기북스, 2005.

도둑연구회(와타나베 마사미 외), 『도둑의 문화사』, 송현아 옮김, 이마고, 2003.

W. G. 홉킨스, 『식물생리학』, 홍영남외 4인 옮김, 을유문화사, 2001.

엘렌 러펠 셸, 『배고픈 유전자—비만에 관한 유전학적 보고서』, 이원봉 옮김, 바다출판사, 2003.

제프리 버튼 러셀, 『마녀의 문화사』, 김은주 옮김, 르네상스, 2004.

리처드 킥헤퍼, 『마법의 역사』, 김헌태 옮김, 파스칼북스, 2003.

펠리페 페르난데스아르메스토, 『세계를 바꾼 아이디어』, 안정희 옮김, 사이언스북스, 2004.

마빈 해리스, 『식인과 제왕—문화인류학 3부작』, 정도영 옮김, 한길사, 2000.

프란시스 바커 · 피터 흄 · 마가렛 아이버슨, 『식인문화의 풍속사』, 이정린 옮김, 이룸, 2005.

로저 하이필드, 『해리 포터의 과학』, 이한음 옮김, 해냄출판사, 2002.

최원석, 『스타크래프트 속에 과학이 쏙쏙!!』, 이치, 2005.

이기영, 『물리학과 우리생활』, 인하대학교, 2000.

송영기 외, 『생체인식의 길』, 인터비전, 2004.

이순칠, 『양자컴퓨터 21세기 과학 혁명』, 살림, 2003.

루돌프 키펜한, 『암호의 세계』(양장본), 김시형 옮김, 이지북, 2002.

박영수, 『역사 속에 숨겨진 암호 이야기』, 프리미엄북스, 1999.

서울대학교 자연과학대학교 교수 31인, 『21세기와 자연과학』, 사계절출판사, 1994.

아시모프 아이작, 『아시모프박사의 과학이야기』, 풀빛, 1994.

마셜 브레인, 『만물은 어떻게 작동하는가』, 김동광 옮김, 까치글방, 2003.

이인식, 『제2의 창세기―이인식 과학칼럼집』, 김영사, 1999.

스튜어트 올샨스키 외, 『인간은 얼마나 오래 살 수 있는가』, 전영택 옮김, 궁리출판, 2002.

스티븐 어스태드 외, 『인간은 왜 늙는가』, 최재천·김태원 옮김, 궁리출판, 2005.

마크 베네케, 『노화와 생명의 수수께끼』, 권혁준 옮김, 창해, 2004.

클라이브 브롬홀, 『영원한 어린아이, 인간―인간은 어떻게 유아화되었는가』, 김승욱 옮김, 작가정신, 2004.

R. 네스·G. 윌리엄즈, 『인간은 왜 병에 걸리는가』, 최재천 옮김, 사이언스북스, 1999.

데틀레프 간텐·토마스 다이히만·틸로 슈팔, 『지식―생명+자연+과학의 모든 것』, 인성기 옮김, 이끌리오, 2005.

이기영, 『바다―시끄러운 침묵』, 성우, 2002.

최성우, 『상상은 미래를 부른다―SF와 첨단 과학이 만드는 미래사회』, 사이언스북스, 2002.

마틴 가드너, 『아담과 이브에게는 배꼽이 있었을까』, 강윤재 옮김, 바다출판사, 2002.

후란시스 아스크로프, 『생존의 한계』, 한국동물학회 옮김, 전파과학사, 2001.

A·B·C 휘플, 『폭풍』, 한국일보 타임―라이프, 1985.

폴 오닐, 『보석』, 한국일보 타임―라이프, 1985.

미첼 윌슨, 『에너지의 신비』, 한국일보 타임―라이프, 1980.

콘래드 G. 뮐러, 『빛과 시각』, 한국일보 타임―라이프, 1980.

이민수, 『그림 동화의 숨겨진 진실』, 예담, 2005.

한국해양연구원, 『해양과 인간(해양과학총서2)』, 한국해양연구원, 1999.

다까하시 마사유키, 『미래 자원, 바다에서 건진다』, 송승달 옮김, 아카데미서적, 2002.

김혁수, 『수중의 비밀병기 잠수함 탐방』, 을유문화사, 1999.

손호재 외 6인, 『잠수함 공학 개론』, 대영사, 2001.

최성규, 『재미있는 잠수함 이야기』, 양서각, 2000.

한스 트랙슬러, 『황홀한 사기극—헨젤과 그레텔의 또 다른 이야기』, 정창호 옮김, 이룸, 2003.

이성훈, 『그림형제—문학의 이해와 감상 20』, 건국대학교출판부, 1994.

그림형제, 『그림 동화집』, 장영주 옮김, 꿈소담이, 2004.

키류 미사오, 『알고보면 무시무시한 그림동화』(1), 이정환 옮김, 서울문화사, 1999.

루이스 캐럴 · 존 테니얼, 『이상한 나라의 앨리스』, 손영미 옮김, 시공주니어, 2001.

S. 베네츠키, 『신기한 금속의 세계』(1), 과학세대 옮김, 현대정보문화사, 2002.

쥘 베른, 『해저 2만 리』, 박희성 옮김, 대교출판, 2003.

Louis A. Bloomfield, 『알기 쉬운 생활 속의 물리』, 물리교재편찬위원회 옮김, 한승, 2000.


## 참고한 인터넷 사이트

존 설의 홈페이지 http://www.searlsolution.com

알리안스 제약회사의 리퀴벤트 http://www.allp.com/LiquiVent/lv.htm

하드슈트 2000의 제품 사양

http://www.oceanworks.cc/products/hardsuit/subsea-ads-atmospheric-diving-system.html

하드슈트 2000 관련

http://www.onr.navy.mil/focus/blowballast/people/submersibles3.htm

노틸러스호라는 이름을 가진 함선들 http://en.wikipedia.org/wiki/USS_Nautilus

마녀박멸 교서 http://www.reference.com/browse/wiki/Summis_desiderantes

호모 플로레시엔시스 http://www.talkorigins.org/faqs/homs/flores.html

레비트론 홈페이지 http://levitron.com/index.html

설의 장치에 대한 비판 http://opie.vistech.net/bbs/KEELYNET/GRAVITY/searle1.asc

세이케 장치 http://www.explorepub.com/articles/summaries/12_6_harezi.html

허치슨효과 http://hutchison-effect.iqnaut.net/

나사(NASA)의 반중력 기계

http://www.popularmechanics.com/science/research/1281621.html

일본 도쿄대학에서 만든 투명망토

http://projects.star.t.u-tokyo.ac.jp/projects/MEDIA/xv/oc.html

러시아에서 만든 투명망토

http://www.mosnews.com/news/2006/01/25/capofdarkness.shtml

http://english.pravda.ru/science/tech/04-02-2006/75417-invisible-0

키가 가장 큰 나무

http://www.guinnessworldrecords.com/content_pages/record.asp?recordid=47340&Reg=1

가장 빨리 자라는 나무

http://www.unep.org/Documents.Multilingual/Default.asp?DocumentID=445&ArticleID=485
2&l=en